개념으로부터 형태까지

창의적 조경설계

From Concept to Form in Lanscape Design (second edition)
Grant W. Reid, FASLA

Translated by Dae Ga Publishing Co.
Translated Edition ISBN : 978-0-4701-1231-1
Printed in Korea

FROM CONCEPT TO FORM IN LANDSCAPE DESIGN

| SECOND EDITION |

개념으로부터 형태까지

창의적 조경설계

| 제 2 판 |

Grant W. Reid, FASLA 지음 | 박재철 · 이원호 공역

대가

| 저자 서문 |

여기서 제안하는 것은 대부분 논리적이고 구조화된 경관 디자인 접근 방법이다. 기하학과 자연주의는 이러한 구조의 근거들로 조합되고 나아가 형태에 대한 사고방식이 된다. 이러한 접근 방법은 기하학적이고 자연적인 아이디어를 유도시켜 주고 여기에 보여준 시각적 사례를 넘어서도록 그리고 당신의 독특한 경험으로부터 도출된 창의적인 형태를 발전시키도록 고무시킨다. 당신은 이 책을 새로운 아이디어를 위한 수단으로 삼아, 당신을 상자 밖으로 나오게 하는 지렛대로 사용할 수 있을 것이다. 디자인의 방해물은 좌절이라고 할 수 있다. 그러므로 그것을 극복하는 것은 매우 흥분되는 일이 될 것이다.

대부분의 사진 이미지와 디자인은 저자가 콜로라도와 뉴질랜드에서 전문적인 경험을 통해 얻고 수집한 것들이다. 따라서 경관 계획은 건조한 지역인 콜로라도의 환경과 콜로라도 이용자 패턴에 대해 한정적인 사례를 제시한 한계를 지닌다. 그러므로 매우 다른 환경에서 일하고 있는 독자들 즉 사막, 열대, 습한 지역, 해변 혹은 매우 도시화된 지역의 독자들은 조금은 창의적인 적용을 통해서 이 책의 아이디어를 적용할 수 있어야 한다.

이 책은 웹사이트를 통해서도 서비스된다. 서비스되는 목적은 이 책에 표현된 아이디어들을 가지고 실험하는 것을 허용하기 위해서다. 주로 지도자들을 위한 내용으로 되어 있지만 개별 설계자들에 의해서도 잘 사용될 수 있기 때문에 그 활용도를 높이기 위한 것이다. 지침 패턴과 경관 개념 계획들은 디자인 스튜디오에서 매뉴얼로 활용하기 위해서 더 큰 사이즈로 프린트될 수 있다. 또한 같은 그래픽들이 디지털적으로 활용되기 위해서는 이용자가 컴퓨터에서 다운로드할 수 있다.

웹사이트 주소는 www.wiley.com/go/conceptform이다.

| 역자 서문 |

조경학과에서는 어느 대학을 막론하고 조경설계의 비중이 가장 크다고 해도 과언이 아닐 것이다. 그러나 이러한 설계 강의 및 실습에서 창의적인 설계를 가르치는 데 많은 어려움을 겪고 있는 것이 사실이다. 이런 상황에서 학생들은 디자인의 기본 방법론조차도 숙지하지 못한 채 디자인을 함으로써 디자인이 조잡하게 되기 쉽다. 한편 기존에 출판된 조경설계 관련 서적들은 대부분 그림책 위주로 되어 있어 설계를 체계적으로 가르치기에는 부족한 감이 없지 않다.

이 책은 초보적인 설계자이든 숙련된 설계자이든 간에 디자인을 합리적으로 해나가는 데 기본적인 방법론을 제공해 줌으로써 이를 응용한 창의적인 디자인을 할 수 있도록 도와주고 있다. 그리하여 조경설계를 강의하는 교수님들에게는 학생들로 하여금 설계를 쉽게 접근할 수 있도록 해줌으로써 설계를 어려운 것이 아니라 누구나 할 수 있다는 자신감을 불러일으키는 데 유용할 것이다. 또한 설계의 잘못을 토론해 가면서 지도하고 설계를 진행시키는 데 좋은 자료로 사용될 수 있을 것이다. 아울러 학생들이 무궁한 창의력을 발휘하도록 돕는 데 일조할 것이다.

이 책은 2007년에 제2판이 수정 보완되어 제1판보다 내용이 대폭 보완되고 더 풍부해졌으며 사례도 추가되었다. 끝으로 출판을 허락해 주시고 도와주신 도서출판 대가의 김호석 사장님께 마음 깊이 감사드린다.

2009. 2.

역자 대표

| 목차 |

제5장 규칙을 넘어서: 변칙적이고 도발적인 설계

제6장 사례 연구

부록

Chapter 01

개 념

조경에 대한 전통적인 접근은 의뢰인의 목적을 조사하고 대상지의 제한 요소와 잠재적 이용자들의 요구를 조사하는 연구로부터 시작된다. 이때, 기술된 프로그램이나 대상지 조사와 분석 결과가 문서화된다. 다음으로는 특수한 대상지를 개선하기 위한 일련의 아이디어를 구체화시키는 경관 개념을 도출하게 된다. 흔히 이러한 아이디어들은 연구의 논리적인 결과물이지만 때로는 연구에 앞서 떠오르기도 하고 그 후에 세련되어지거나 변형되기도 한다.

개념은 여러 가지 수준에서 일어나는 아이디어들이다. 이러한 개념화의 여러 다른 수준을 논의하기 전에 창의적인 과정을 잠시 들여다보자. 이러한 아이디어들이 어디서 나오는가?

| 창의성 |

종종, 많은 설계자들이 아주 쉬운 접근 방법에 익숙해져 있는 것을 접하게 되는 것이 요즘의 현실이다. 즉 '전에 이런 것을 본 적이 있으니까 이것도 훌륭한 작품으로 여겨질

거야', '이 아이디어를 다른 프로젝트에서 성공적으로 사용한 적이 있어', '이런 개념들과 식물들, 패턴들에 친숙해져 있으니까 다시 그것들을 사용할거야', '이런 재료들은 경제적이고 이미 많이 사용되어지고 있는 것들이야' 등의 생각을 하고 있다는 것이다.

이와 같이 실패하지 않는 안전한 설계는 잠재적으로는 잘못된 것이 아니다. 사실상 우리는 살아 남기 위해 그러한 것에 의존해야 하는 경우도 많다. 그러나 때때로 우리는 창의적인 사고 방법과 기존의 안전함 사이에서 균형을 잡아야 하기도 한다. 그렇다면 "어떻게 나는 새로운 것을 이끌어 낼 것인가?"

많은 아이디어들은 이용자들의 요구와 부지의 특성에서 도출된 정보로부터 나오며 그 정보는 경관 프로젝트에 의해 수집된 것이다. 연구하고 사실들을 체계화 하라. 제한 요소로서 라기보다는 기회 요소로서 그 문제들을 목록화하도록 하라. 우리가 축적하고 불러내는 실제적인 형태 이미지로부터 얻어지는 경험이 '무엇이다' 에서 '무엇이 될 수 있는가' 로 이동되기 위하여 우리에게는 개방적인 태도와 수용적인 태도, 친숙하지 않고 위험한 것을 고려하려는 의지가 필요하다. 아이디어를 만들어낸 것에 방해되는 어떤 느낌이나 태도를 내버리는 것이 필요하다. 거기에는 이러한 것들이 포함되어야 한다.

미지에 대한 두려움
실패에 대한 두려움
바로 완벽한 해결책을 얻으려는 욕구
실용성에 대한 선입견

저자가 사용했던 이러한 접근 방법들을 사용해 보라.

1. **편안한 환경을 선택하라** 주의가 산만하지 않되 긴장은 이완되면서 동시에 집중할 수 있는 디자인 공간을 설치하라. 편안한 의자, 좋은 음악, 다른 사람들로부터 간섭받지 않는 것, 혼란스러운 소음이 없고 전망이 좋은 곳 – 이러한 모든 것들이 아이디어들을 일으키는 무대 장치가 될 수 있다.

2. **창의적인 변화를 고려하라** 친숙한 아이디어를 끌어내서 업그레이드 할 수 있는 것을 찾아라. 더 단순하고 더 값싸고 더 바르고 더 효율적이고 더 아름답고 덜 성가신 해결책이 무엇인지 고민하라.
3. **"이렇게 하면 어떨까?"의 상상력을 활용하라** 이전에 했던 것이 가장 좋은 해결책이 아닐지도 모른다는 생각을 받아들여라. 이미지들이 흘러가는 것을 허용해서 처음에는 비우호적이고 낯설고 이상하고 불가능하게 보이는 아이디어들을 가능성을 가지고 받아들여라. 실질적으로 효과를 내기 위해서 가져야 할 꿈은 "잔디를 깎아주지 않았다면"이나 "식물들이 스스로 심어졌다면"과 같은 환타지여야만 한다. 이것이 우스운 일인가? 아마도 그럴 수도, 그렇지 않을 수도 있다.
4. **과정을 살펴보라** 생태적인 천이, 재순환, 에너지 보전, 침식, 물 순환 같은 동적인 관계성과 과정을 시각화하라.
5. **실제로 다루어 보고 변형시켜 보라** 친숙한 대상물이나 형태를 취해서 있음직하지 않은 재배열이나 조합, 빼기, 더하기, 왜곡을 가해 보라(휘게 하라, 구부려라, 조여라, 꼬집어라, 굴려라, 비틀어라, 접어라, 펴라, 확장하라, 접하게 하라, 밀어라, 당겨라).
6. **흠집이 있는 해결책을 받아들여라** 처음에는 가능하지 않을 것 같은 아이디어를 고려할 수 있도록 남겨두라. 이후의 평가는 유사하고 더 타당한 아이디어를 번득이게 하거나 그에 따르는 창의적인 개선안을 마련하도록 도움을 줄 수 있다.
7. **초기의 아이디어를 외부화하고 소통시켜라** 이러한 제안들의 대부분은 개별적인 디자이너와 관련된다. 큰 그룹에서 브레인스토밍하는 기법들은 여기에서 고려하지 않은 많은 다른 이슈들을 일으켜 준다. 그러나 명확하지 않는 아이디어들을 외부화하는 이점이 있다. 아주 거칠고 빠른 스케치나 다이어그램이라 할지라도 아이디어를 평가하고 확장하고 개선하기 위한 징검다리가 될 수 있다. 동료들과 친구들과 이야기를 나누는 것은 마음 속의 잃을 뻔했던 기회를 드러내 주는 관련된 생각에 계기를 마련해 준다.

8. **트랙을 바꿔라** 통상적인 방안을 제쳐 놓고 의도적으로 완전히 다른 것을 시도하도록 하라. 반대되거나 다른 편을 택하라. 그리고 다른 패턴으로 바꿔라. 다른 재료, 색채, 질감으로 해보라. 옆가지 치는 논의 아래에 놓여 있는 이러한 기법에 대해서 더 많은 것을 읽어내라.
9. **그만두고 나가라** 완벽한 디자인 장애물을 만나거나 난해하여 잘 풀리지 않는 문제가 있을 때 저자는 자주 그것을 제쳐 놓고 더 즐거운 다른 일을 하거나 그 위에서 잠을 청하려고 한다. 때때로 주어진 시간의 끝에 무의식적인 마음이 해결책을 마련해 주곤 한다. 그러나 이러한 테크닉이 의존할 만한 것은 아니므로 케이크 위에 있는 얼음이 어떻게 녹는지를 고려해 보라. 그럼에도 불구하고 놀거나 잠자는 시간을 돈을 지불할 만한 가치가 있는 시간으로 정당화하기는 어렵다는 사실은 어쩔 수 없다.

만약 당신이 창의적인 사고에 대한 실제적이고 효과적인 기법을 진지하게 배우기를 원한다면 드 보노(Edward De Bono)가 쓴 『진지한 창의성(Serious Creativity, 1993)』이라는 책을 읽어 보는 것이 도움이 될 것이다. 그는 그 중심에 도발을 일으키는 사고를 가지고 있는 측면적인 사고(lateral thinking)라는 문구를 계량화하였다. 이 개념의 핵심은 새로운 아이디어를 끌어내는 방법으로서 사고의 주된 흐름으로부터 주변을 뛰어넘는 의욕을 일으키는 일련의 시도를 해나가는 방법에 관한 것이다.

효과적이 되기 위해서는 사고를 일으키는 것이 어느 정도 비합리적이어야 한다. 드 보노는 그러한 사고를 일으키는 것을 체계화하기 위하여 몇 가지 방안을 목록화한다. 나에게 있어서 일을 해나가는 데 가장 강력한 테크닉 두 가지는 일단 부정하는 것과 임의적으로 해보는 것이다.

부정하기

부정하기는 반대되거나 상반되거나 전통적인 지혜라고 할 수 있는 단순한 기술로, 당연시되는 것으로부터 회피하는 것을 포함하고 있다. 경관 사례를 통해서 이에 대한 예를 들어보자. 여기에 내가 했던 작업의 한 사례가 있다.

■ 디자인 도전

공공 광장에 상호 작용이 있는 조각을 위한 창의적인 아이디어

■ 도전적인 사고 일으키기

불을 물에 섞어 보기(기대할 수 있거나 실용적인 조합은 아니지만)

■ 사고 끌어내기

본질적으로 위의 혼합 속으로 바위를 집어 넣는 것은 어떤가?

이것은 매우 관능적인 경험처럼 여겨질지 모른다. 나는 향기를 포함해서 이것을 만들 수 있는가?

이제 우리는 바위와 불, 물, 향기를 가지게 되었다.

아마 물은 증기 형태를 가질 수 있을 것이다. 안개를 일으키는 노즐들은 어떤가?

향기가 안개와 결합되거나 분리될 수 있는가?

그것들을 어디에 집어 넣을 것인가? 분할된 바위나 커다란 자연석의 조각 사이를 떨어지게 하거나 틈을 만들어서 사용할 수 있나?

안개는 촉감을 위해서 돌 위에 응축될 것인가?

붉은 오렌지색 조명이 전통적인 불꽃 대신에 불을 은유적으로 표현하기 위해 사용된다면 어떤가?

아마 안개 입자들이 빛을 반사하게 될지도 모른다. 레이저 광원은 어떤가?

■ 실행

이러한 모든 의문점들이 연속되는 거친 스케치를 통해서 하나의 새로운 독특한 아이디어로 되기 시작하는 지점에 이르게 된다(그림 1-1). 이제는 이러

한 작업을 할 방법에 대한 실제적인 것을 강구할 때다. 다음으로는 돌을 자르는 도구를 교체해 보고, 펌핑기를 교체해 보고, 노즐을 분무화해 보고, 광선과 부채 모양의 레이저기를 교체해 보고, 지지대를 교체해 보는 것은 물론 비용을 연구해 본다.

그림 1-1

■ 평가

이러한 서술이 이루어졌지만 조각은 아직 설치되지 않았다. 그러면 그것이 좋은 아이디어가 아니었다는 것을 의미하는가? 절대로 그렇지 않다. 아직 해결되지 않은 기술적인 문제들이 남아 있다. 아마 그것은 적합하지 않은 고객이나 적합하지 않은 시간이 문제였을 것이다. 가까운 미래에 그 아이디어는 다시 부활되어 완벽한 해결책을 찾게 될 수 있다. 어쨌든 당신의 아이디어들을 평가하는 것은 창의적인 과정의 중요한 부분이다. 창의적인 아이디어들을 추구하기 위해서는 많은 에너지와 훈련이 요구된다. 그것들이 즉각적으로 실행되지 않는다 할지라도 이러한 아이디어들의 흔적을 유지하기 위하여 조금은 시간을 할애할 필요가 있고 후에 그것들을 재이용하거나 뭔가 다른 무엇을 위한 가능성 있는 영감으로서 파일에 담아둘 가치가 있다.

여기에 부정하기의 다른 사례가 있다.

■ 디자인 도전

경관 펜스나 장벽의 새로운 타입

■ 도발을 일으킴

장벽들은 지면 위의 구조물이 아니다.

■ 도출된 사고들

사람들이나 교통 수단들을 통제하기 위한 일반적인 원리가 있다.

지면 위나 아래에 무엇이 가능할 것인가? – 위가 아니라 아래로 향하도록– 낭떠러지나 도랑, 해자들이 떠오른다.

다른 수단을 통해서 '출입금지' 선을 전달하는 것은 어떤가?

전자 신호기와 수신기로 금지 영역을 지시해 주어 불이익을 줄 수 있다.

GPS 수신기가 사람들을 들어오지 못하도록 하는 데 사용될 수 있는가?

지면 위의 편안하지 않거나 위험하기조차 한 재료가 들어가는 것을 막을 수 있을 것인가?

이것은 평평하지 않고 안정적이지 않은 표면, 습지, 진흙이나 다른 재료를 떠올리게 한다.

■ 평가

이 아이디어는 더 이상 나아갈 수는 없으나 아마 어디에선가는 작업해 볼 만하다. 요점은 부정적인 도발이 '펜스나 벽이 무엇인가'를 넘어서 '무엇일 수 있는가'라는 것으로 생각 패턴을 바꾸었다는 것이다.

임의적인 투입

임의적인 투입은 단어 조합을 사용함으로써 성취될 수 있다. 잡다한 단어들의 꾸러미로부터 임의로 하나를 선택해서 당신의 디자인 요약으로부터 끌어낸 어구와 결부시킬 수 있다. 예를 들어 보자.

■ 디자인 요약

포장에 대한 새로운 아이디어들

■ 도발

- 단어 '개' (임의적으로 선택해서 요약된 것과 관련은 없다)
- 도출되는 사고들
- 개는 유순함과 결부될 수 있다.
- 유순한 포장: 명령에 변화를 주는 포장?
- 목소리 감지기들, 움직임 감지기들, 충격 감지기들
- 명령을 접어 버리고 무시해 버려라.
- 명령에 대한 반사성, 색채 혹은 질감에 있어서의 변화
- 기후 변화에 반응하도록 하라: 열이 오르면 얼음이 자동적으로 녹거나 열에 안정적인 표면을 갖도록 하여 서늘하게 하도록 하라.
- 걸을 때 소리가 나게 하라.

■ 평가

더 조사를 하면 여기에 더 유용한 하나 혹은 그 이상의 아이디어가 있을지도 모른다. 실제적인 적용 방안을 찾기 위해서 빨리 이동하기보다는 광범위하고 미해결된 개념 수준에서 시간을 끄는 것이 중요하다. 새로운 아이디어들의 대부분이 거기로부터 나오기 때문이다. 엄격하게 고정된 통로라기보다는 퍼즐 같은 고리에서 생각하는 것이 더 유익할 것이다. 당신이 어떤 잘 정의된 아이디어들로 내려갈 때 그 아이디어들은 어떤 다른 넓은 개념들을 제시해 줄지도 모른다. 당신의 마음을 유연한 액체처럼 머물게 해서 다양한 방향으로 갈 수 있도록 하라. 함정이나 불이익이 아니라 진전되는 아이디어들에서 긍정적인 기회 요인을 탐구하는 것의 중요성을 강조하라. 당신이 '도출된 사고들' 이라는 표제 하에 목록화되어 있는 어구를 들여다보면 도발을 넘어

서 흐르고 있는 아이디어들의 연속성을 알게 될 것이다. 드 보노(De Bono)는 이러한 과정을 구조화하는 데 사용될 수 있는 몇 가지 기법을 요약해서 보여준다. 그는 그것을 이동(movement)이라고 부른다.

- 도발로부터 원리를 끌어내라.
- 현황과 비교해서 차이와 이익을 찾아내라.
- 당신의 마음에 비디오를 돌리고 있는 것처럼 도발을 시각화하라.

경관 사례를 주목해 보자.

■ 디자인 요약

도시의 지표수 유출을 다루는 더 좋은 방법을 찾아내라.

■ 도발

자연스러운 물줄기를 돌이켜 보라.

많은 도시 지역 사회에서는 자연적으로 흐르고 있는 물줄기가 수 십 년 전에 개수되어 지금은 지하 파이프나 콘크리트 통로가 되거나 도시 구조물에 의해서 복개되었기 때문에 비합리적으로 여겨진다. 전에 좋은 아이디어로 생각되었던 것이 자주 강한 저항을 받곤 한다. 엔지니어링 관습들이 여기서 도전을 받고 있는 것이다.

무슨 원리가 도발로부터 도출될 수 있는가?

- 물줄기들은 자기 자신의 생물학적인 생태계를 가지고 있는 자연 체계이다.
- 자연적인 물줄기에서는 물의 흐름 수위가 다양하다. 그것들은 텅 비거나 홍수의 원인이 될 수 있다.
- 정치적이고 사회적인 그리고 경제적인 조건들은 조정을 필요하게 만든다.

차이와 이익은 무엇인가?

• 물줄기들은 보일 수 있고 들릴 수 있고 만져질 수 있다(지하의 파이프 속과는 다르게).
• 물줄기들은 더 유기적이고 자연적이고 호소력을 가진 것으로 나타난다.
• 물줄기들은 서서히 흘러가고 속도를 내지 않으며 미끄러져 간다.
• 물줄기들은 지하수 체계로의 침투를 허용한다.
• 물줄기들은 어떤 자연적인 여과작용을 한다.

도발을 시각화하기 위하여 어떤 그림들이 나타날 수 있는가?

• 캐스케이드 폭포
• 풀들과 구불구불한 통로들
• 사납게 범람하는 물
• 메마른 하상
• 헤엄치는 물고기들
• 물을 마시고 헤엄치고 먹이를 먹고 목욕하는 새들
• 주위를 날아다니거나 물 위에 떠있는 곤충들
• 물속에 혹은 물 주변에 자라는 식물들
• 물과 상호작용하는 사람들

도발을 초월해 가는 동안 우리는 발전하고 있는 아이디어 속에서 가치를 찾기 위해 그리고 새로운 이미지를 발견하기 위해 결합하는 테크닉들을 사용하고 있다. 스위스의 몇 지역 사회에서는 자연 물줄기를 재창조하는 비용이 새로운 물 처리 시설을 위한 필요를 저감시킴으로써 상쇄된다는 것이 확인되었다. 독일의 지역들에서는 '물줄기 개방 프로그램'의 비용을 자연적인 쾌적함을 증진시켜 준다는 관점에서 정당화하는 것을 고려하고 있다. 브레큰리지의 콜로라도 지역 사회에서는 100여 년 전에 금광 채굴 활동에 의해서 매립된 블루강의 재조성을 통해서 관광 수입이 증가되어 왔다.

하나의 개념이 일반적인 아이디어나 이해로 정의될 수 있다. 실제로 도출되는 광범위하게 통일된 진술로부터 프로젝트의 여러 가지 부문 사이에 잘 정의된 관계성까지 개념적인 사고의 여러 가지 레벨이 있다. 이 책은 이러한 더 일반적인 아이디어로부터 특수한 경관 형태와 재료에 이르는 전이 과정을 다루는 디자인 과정에 초점을 맞추고 있다. 개념적 표현의 여러 가지 층이 겹쳐져서 서로에게 흘러들어 간다. 사실, 이러한 모든 레벨 사이를 구분하기 위하여 노력하는 데 지나친 관심을 가질 필요는 없다. 그러나 이러한 아이디어들이 어디서 나오고 어떻게 다루어지는지를 토론하기 위하여 다음 두 그룹 철학적인 개념들과 기능적인 개념들로 나누는 것은 유용하다.

| 철학적 개념 |

철학적인 개념들은 프로젝트의 이미지, 목적이나 진수를 표현할 수 있다. 그것들은 특성에 있어서 더 넓고 광범위하고 명상적이다. 어떤 것들은 스쳐 지나가거나 확장적이어서 경계가 없다. 예를 들면 부지가 숨겨진 장소성을 가지고 있다든지 하는 아이디어는 광의의 철학적 개념이다. 로마인들은 이것을 부지의 편만한(prevailing) 영인 '장소의 영(genius loci)' 이라 불렀다. 설계가는 제안된 용도와 디자인 형태로 지시되는 것을 민감하게 해석해서 그러한 영을 해방시키기 위해서 이러한 영을 발견해내고 정의하고 부지에 대한 독특하고 극적인 것을 찾아내야 하는 위치에 있다.

다른 개념들은 '에너지를 보전하는 경관' 과 같이 기회 요인과 제한 요인을 제안하는데 그 특성이 더 직접적이고 통일적인 것일지도 모른다. 아무튼 설계가는 디자인된 환경에 의미를 가져오려고 시도하고 있는 것이다.

의미 찾기

디자인된 경관은 스토리를 말해 주거나 더 깊은 의미를 가져야만 하는가? 반드시 그럴 필요는 없다. 수 십 년의 실무를 통해서 저자는 고객의 대부분이 그들의 관심사와 요구, 부지 문제들에 대한 해결책에 대해서 아주 만족해하는 것을 확인하였다. 그들의 기대는 실용적인 공간과 어떤 형태 등에 숨겨진 아름다움을 표현하는 것에 초점이 맞추어져 있다. 그러나 기능성과 시각적인 호소를 초월한 더 강한 적실성(relevance)을 요구하는 부지나 잠재적인 이용자에 대한 특별한 무엇이 있기도 하다. 그리고 이것이 디자인된 공간에 가져오는 부가적인 매력은 노력할 만한 가치를 부여한다. 과연 설계가는 어떻게 경관에 더 깊은 적실성을 어떻게 가져오고 또는 어떻게 이용자들을 위해서 독특하고도 기억할 만한 경험을 일으킬 수 있는가?

당신의 디자인에 의미 찾기를 시도할 때 이러한 아이디어들을 고려해 보라.

주제 주제 통일하기. 의미에 이르는 가장 쉬운 길의 하나는 적합한 주제를 제안하는 것이다. 예를 들면 '수자원 보전' 은 건조한 환경에서는 무엇보다 우선하는 주제

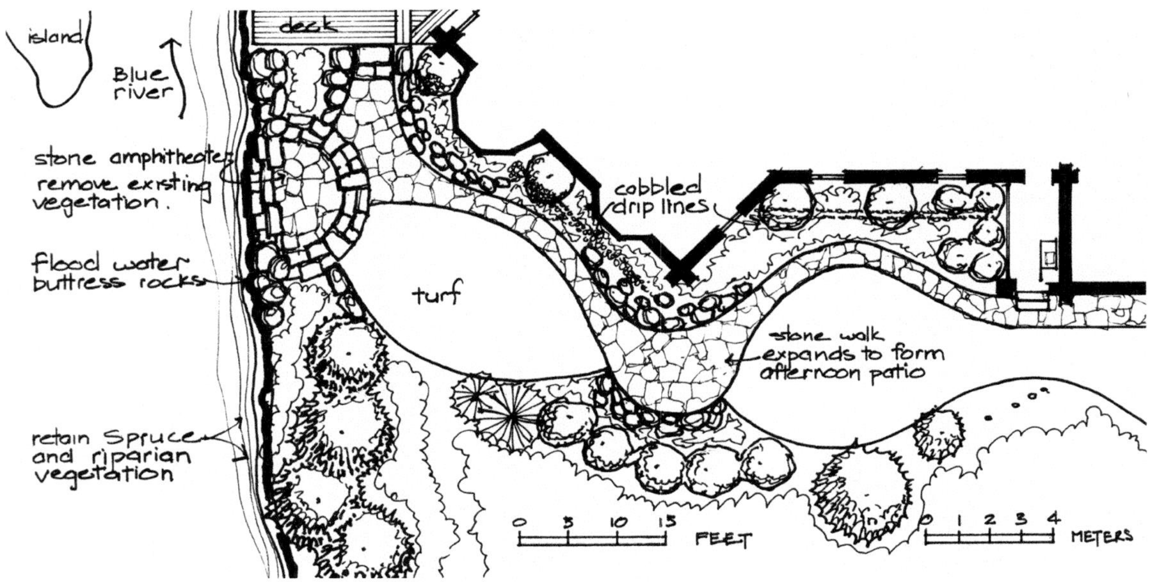

그림 1-2 리노베이션 계획

그림 1-3 리노베이션 전

그림 1-4 리노베이션 후

가 될 수 있다. '강과 함께 연결' 은 그림 1-2~1-4에서 보여준 경관 개량을 위한 주제이다.

상징물들 결합이나 닮음, 관습에 의해서 뭔가를 나타내 주는 것들이나 형태. 예를 들면 관목들은 멀리 있는 동산과 닮게 하기 위하여 전정되거나 나무들은 숭배되고 희귀한 자연적인 장소로 불리게 하기 위하여 조각될 수 있다.

은유들 대상물이나 아이디어들의 비유가 같지 않은 대상물이나 아이디어들을 묘사하기 위하여 사용되었다. 예를 들면 흰 자갈의 흘러가는 패턴은 물줄기와 물의 은유가 될 수 있다.

풍유들 문자로 된 대상물이나 이벤트들이 아이디어들을 상징화하는 극이나 시각적인 장치들. 예를 들면 평화 정원은 충돌의 이미지를 혼합함으로써 평화 공존에 대한 필요성에 대해 도덕적인 이야기를 말하는 것으로 연결된다.

포테이거와 퓨린턴(1998)은 경관 이야기를 창조하기 위한 몇 가지 테크닉을 정리했다.

- 장소에 의미를 붙이는 것은 정체성을 창조해서 그것과 함께 그 이름에 대한 몇 종류의 메지지를 담게 된다.

• 요소들과 공간들, 개방성, 위요는 스토리를 말해줄 수 있다.
• 요소들을 드러내고 감추는 것은 발견과 긴장감을 자아낸다.
• 모이게 하기 위한 장소는 부지와 참여자들 사이의 대화를 불러일으킬 수 있다.
• 이야기들은 경관의 짜임에 내재될 수 있다(바위에 남겨진 메시지들).

캘리포니아의 샌프란시스코에 있는 임바카데로 광장(그림 1-5)에 있는 로렌스 헬프린의 분수는 굽어지고 부러진 직각 형태의 집합으로 이루어져 있다. 심각한 지진에 의해서 파괴된 도시 구조와 혼돈을 상징화함으로써 도시가 활동 중인 단층선 위에 놓여 있다는 사실을 일깨워 주는데 기여하고 있다.

그림 1-5

저자에 의해서 디자인된 건조한 느낌을 주는 정원(그림 1-6)은 자연의 삶과 죽음의 끊임없는 순환을 상징하는 고리 모양의 보행로가 포함되어 있다. 밀착되어 있는 부채꼴 모양의 낮은 돌로 된 벽과 보행로의 통합은 자연생태계에 있어서의 다른 유기체와의 상호 의존성을 표현해 준다.

그림 1-6

이러한 지역들을 개발하기 위하여 디자이너는 공감대를 형성해야 한다. 고객이나 이용자의 상황이나 느낌, 동기들을 이해하고 파악하는 것이 필수적이다. 그들이 프로젝트에 결부시키려 하는 이상향과 믿음이나 가치관들이 무엇인가를 알아내서 문화적이거나 개인적인 맥락이 진정으로 반영된 물리적 형태를 해석할 수 있는가?

이 작은 정원(그림 1-7)의 상징은 소유자의 절박한 상태, 결혼과 새로운 집, 재산 그리고 두 가족이 결합되는 것에 바탕을 두고 있다. 네 개의 점을 가진 별 모양의 정원은 하나로 통일된 가족의 마음을 상징하였고 중앙에 딱딱한 바위를 모아 놓음으로써 네 사람을 하나의 새로운 실체로 조화롭게 혼합하는 모습을 나타내 준다.

그림 1-7

상징적인 형태들은 신비감을 더해 주고 각 이용자들에게 각기 달리 해석될 수 있기 때문에 공간에 독특한 차원을 제공해 준다(그림 1-8). 전통적인 일본 정원은 해석의 다양성이 아직도 열려 있는 풍부한 상징성을 내포하고 있다. 모래 속에 있는 바위들은 한 관찰자에게는 바다 위에 떠있는 배들을 나타내는 것처럼 보일 수도 있고 또 다른 사람에게는 구름 속에 떠다니는 사람들을 나타내는 것처럼 보일 수도 있다.

그림 1-8

일반적으로 서양의 정원 설계는 철학적인 깊이와 상징성이 부족하다. 그러나 반드시 그렇지만은 않다. 설계자들이 장소의 정신과 깊이 있는 의미를 찾으려고 한다면 얼마든지 많은 기회가 있을 것이다.

의뢰인과 설계자는 프로젝트에 어떤 이미지를 주기 원하는가? 공간의 이미지와 상징성은 쉽게 다음과 같은 것들과 연결된다.

- 힘과 성공의 이미지를 주는 장소
- 기술의 중요성을 나타내 주는 공간
- 역사적 가치의 중요성을 재인식시켜 주는 근린지구의 재개발
- 모든 생물이 자라기에 적합한 자연 생태계를 보호하는 경관
- 그곳에 위치해 있는 회사들이 자연 자원의 보전과 보호에 관심을 두고 있다는 메시지를 주도록 하는 상업 복합 건물
- 충격을 준다든가 혼란시킨다든가 놀라움을 준다든가 하여 흥분시키거나 이용자의 방향성을 상실하게 하는 것
- 회고와 명상을 위한 조용한 장소
- 우스움이 최고조에 달하는 즐거운 환경
- 인간적이거나 철학적인 가치를 묘사하는 장소
- 전진과 개혁의 이미지를 주는 장소
- 명료하고 은혜롭고 단순한 느낌을 보여주는 공간

설계자가 대상지나 의뢰인에게 적합한 철학적인 개념을 구현하려고 한다면 그러한 개념을 물리적인 형태로 표현해야 하는 문제에 직면하게 된다. 아이디어의 결합과 이를 깊이 생각함으로써 수많은 시각적 이미지가 떠오를지도 모른다. 첨단 기술의 메시지는 산뜻한 선, 기하하적인 형태나 플라스틱, 철이나 콘크리트 같은 인공 재료가 우위를 나타내는 것으로 나타난다. 환경에 가치를 둘 경우에는 유기체적인 형태나 잔디, 나무, 물과 같은 부드러운 재료가 우위로 나타난다. 즐거움을 위한 장소는 밝은 색깔의 움직이는 요소를 요구하는 반면, 조용한 장소는 침묵적이고 정적인 요소들을 요구하게 된다. 개념 발전에 깊이를 더해 줄 수 있기 위하여 탐구해야 할 또 하나의 추상적인 부분은 분위기에 대한 아이디어이다. 어떠한 타입의 분위기가 일반적인 목표나 믿음에 더 맞는가? 적합한 분위기는 다음과 같은 것이 될 수 있다.

• 심각한, 천박한
• 활동적인, 수동적인
• 놀라운, 알기 쉬운
• 내향적인, 외향적인
• 협동적인, 도전적인
• 자극적인, 긴장을 완화하는
• 상호작용적인, 고립된

여기서 우리는 어떠한 물리적인 형태와 재료들이 그러한 분위기를 불러일으키는가 하는 질문을 해볼 수 있다.

다음 장에서는 특별하고 추상적인 아이디어와 철학적인 기초에서 전개되는, 설계된 공간에 적합한 많은 특수한 형태를 제시해 주고 있다. 대부분의 개념적 계획은 시각적인 분야를 강조한다. 그러나 몇몇 재미있는 아이디어들은 다른 감각들도 잘 활용

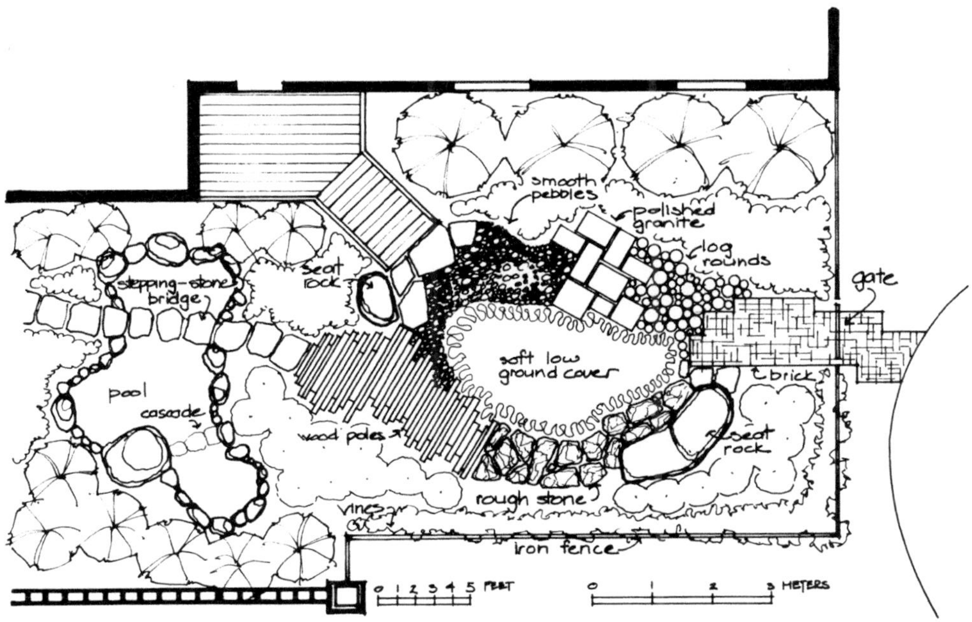

그림 1-9 맨발 정원

한다. 접촉감을 가질 수 있는 가능성을 상정해 보라. 촉감의 다양한 체험은 거칠고 유연하고 부드럽고 예리하고 축축하고 메마르고 울퉁불퉁한 질감에 의해서 제공될 수 있다. 시각적으로 조금 미숙하게 설계된 공간에 특별히 적합한 경우라 할지라도 옥외 공간의 설계에 있어서는 그러한 촉감에 대한 부분이 너무나 자주 간과되고 있다. 그림 1-9는 '맨발 정원'을 위해 저자에 의해서 디자인된 것으로 우선적으로 발만을 통한 경험을 위해 설계된 것이다.

이와 같은 이야기들이 경관에 있어서 후각과 청각, 운동 감각의 체험에서도 동일하게 표현될 수 있다. 향기는 분위기에 강력한 영향을 준다. 음향이 이용자들에 의해서 특수하게 다루어진다면 흥미로운 차원을 더해 준다. 움직이는 요소와 신체적인 동작은 경관 체험에 흥분을 더해 주는 엄청난 잠재력을 갖고 있다. 비시각적인 감각들이 설계된 경관 이미지의 부분이 될 수 있는가? 그러한 감각들은 설계 아이디어들을 불러일으켜 줄 수 있는가?

| 기능적 개념 |

모든 프로젝트에는 항상 다루어야 할 기능적인 개념들이 있기 마련이다. 이러한 이슈들 중 어떤 것들은 너무 일반적이어서 공간 다이어그램을 만들 때 쉽게 차용하지 않아도 될 것이다. 그럼에도 불구하고 그것들은 중요한 디자인 결정 요인이어서 디자인 과정에서 미리 목록화되어야 하며 이것들을 개념적인 목적으로서 고려하는 것이 도움이 될 것이다.

- 안정 유지하기
- 유지 비용 최소화하기
- 예산 범위 지키기
- 반달리즘(훼손 행위) 줄이기
- 역사적인 특성 보유하기

- 토양 유실 줄이기
- 배수 불량 제거하기
- 수자원 보전
- 조망 트이기 혹은 조망 차단하기
- 프라이버시와 친밀성 창조하기
- 생태계를 재창조하거나 보호하기
- 소음 교란 줄이기
- 에너지 절약하기
- 동물에 의한 피해 통제하기
- 정보나 방향 사인 제공하기
- 안전과 미를 위한 조명 창조하기

가장 공통적인 제약 조건과 기회 요인은 부지의 공간적 용도와 관련된 것들이다. 이것들은 다이어그램화하기 쉽고 이 책에서 논의된 형태 발전을 위한 주된 초점이 된다. 그것들은 다시 프로그램이나 디자인 요약의 부분으로 목록화되어야 한다. 여기에 사적이고 공적인 경관 공간의 디자인과 관련된 몇 가지 사례들이 있다.

- 특수한 행동 구역 – 즐기기, 놀이, 앉기, 휴식, 레크리에이션, 조망하기, 보호하기, 식량이나 꽃 기르기, 상업, 교육, 행위 예술, 취미, 애완동물, 소풍 등(이것들을 눈에 띄는 용도나 다목적적인 용도를 고무시켜 주기 위해 마련된 옥외의 방으로 생각하라)
- 보행 순환 – 입구, 보도, 계단 공간, 다리(이것들을 옥외의 방 사이의 연결 요소로서 생각하라)
- 차량 순환 – 차도, 회차, 주차
- 차폐, 장벽, 문
- 저장소 – 쓰레기통, 사유물, 지역 사회 자산, 눈

- 초점 요소 – 물, 조각, 구조물, 표지물, 식물 등
- 야생 동물 유인 지역
- 보전, 복원, 보호 지역
- 공적인 휴게 장소

용도 구분과 활동 구분은 아메바 같은 작은 동그라미나 물방울 모양으로 보여줄 수 있으나 그러한 그림이 그려지기 전에 거기에 맞는 근사한 크기가 설정되어야만 한다. 이러한 단계는 스케일이 있는 단지 계획 내에서 다루어질 때 그러한 지역의 크기의 양적 가치는 서로에게 정확한 비율을 나타내 주기 때문에 중요하게 된다. 예를 들면 50대의 승용차를 주차하기 위한 주차장(그림 1–10, 맨 위)을 만든다면 그러한 공간에 대한 요구도가 쉽게 근사적으로 구해져야 한다.

공간적인 요구도는 물방울 모양으로 추상화되어 눈짐작으로 감싸인 형태나 두 개의 물방울 모양으로 나뉜 모양으로 표현될 수 있다.

간단한 화살표는 통로와 다른 방향적인 움직임을 나타낸다(그림 1–11). 명료하게 하기 위하여 이러한 화살표는 주요한 통로와 부수적인 통로, 보행과 차량 교통 사이의 구별을 위하여 크기와 형태의 위계를 가질 수 있다.

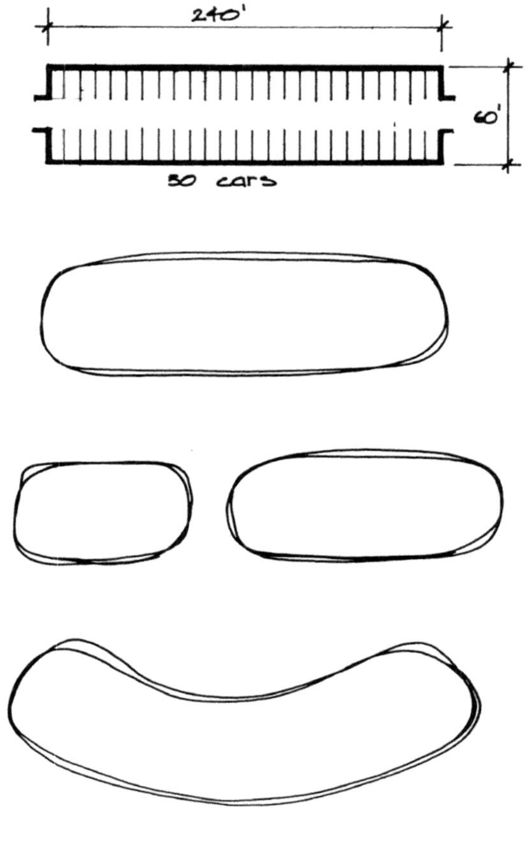

그림 1–10

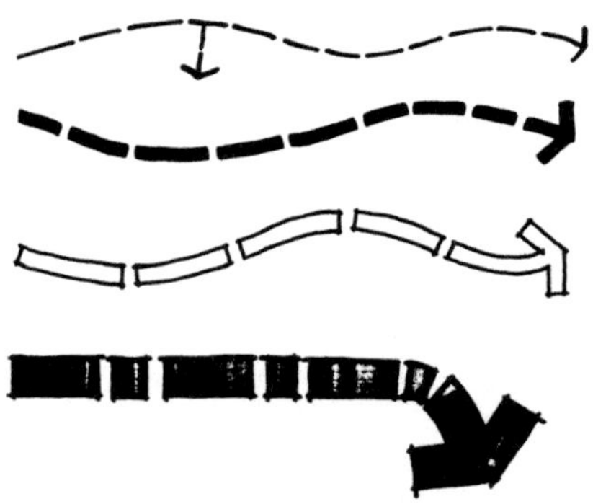

그림 1–11

별이나 십자 모양의 형태는 초점이나 행위의 결절점, 마찰 잠재력이 있는 지점과 중요성이 있는 어떤 밀집된 요소를 표현할 수 있다(그림 1-12).

그림 1-12

톱니 모양이나 분절이 있는 선은 담장이나 차폐물, 장벽과 둑과 같은 선적인 수직적 요소를 나타내 준다(그림 1-13).

그림 1-13

설계 전개상 이 단계에 있어서는 표현하기 쉽고 추상적인 심벌을 사용하는 것이 중요하다. 반복해서 재배치하고 재조직해 보는 것은 다른 용도 지역 사이의 기능적인 관계를 적정화한다든가, 위치결정 문제를 해결한다든가, 효과적인 순환 체계를 갖게 한다든가, 어떠한 것들이 어디에 위치해야 한다든가, 어떻게 그러한 것들이 결합되어야 한다든가 하는 과정의 일차적인 목적을 이루는 데 도움을 준다. 가라앉아 있거나, 올려져 있거나, 벽으로 되어 있거나, 위가 덮여 있거나, 경사져 있거나, 기복을 이루고 있거나 하는 일반화된 공간적 질도 역시 이러한 기능적 개념 단계에서 조사될 수 있다.

기능적인 그림 심벌은 어떤 스케일에도 적용될 수 있다. 그림 1-14는 주거지의 예를 보여주고 있다.

커뮤니티센터 개발을 위한 개념 계획의 예를 든다면 다음과 같은 단순화된 서술 프로그램의 지침을 예로 들 수 있다.

- 현존하는 물줄기와 식생의 파괴를 최소화하도록 주 건물을 위치시킨다.
- 100대의 승용차를 주차시킬 주차장을 포함시킨다.
- 자동차의 주차 입구를 교차로에서 가능한 한 멀리 위치시킨다.
- 인접한 가로로부터 보행 접근을 용이하게 한다.
- 간헐적인 행사나 야외 수업, 긴장 완화, 쇼, 조각 전시 등을 위하여 다목적 광장과 원형 극장을 포함시킨다.
- 시설물을 식별하기 쉽게 하기 위하여 표지판을 위치시킨다.
- 자유로운 레크리에이션을 위하여 개방된 잔디 공간을 제공한다.

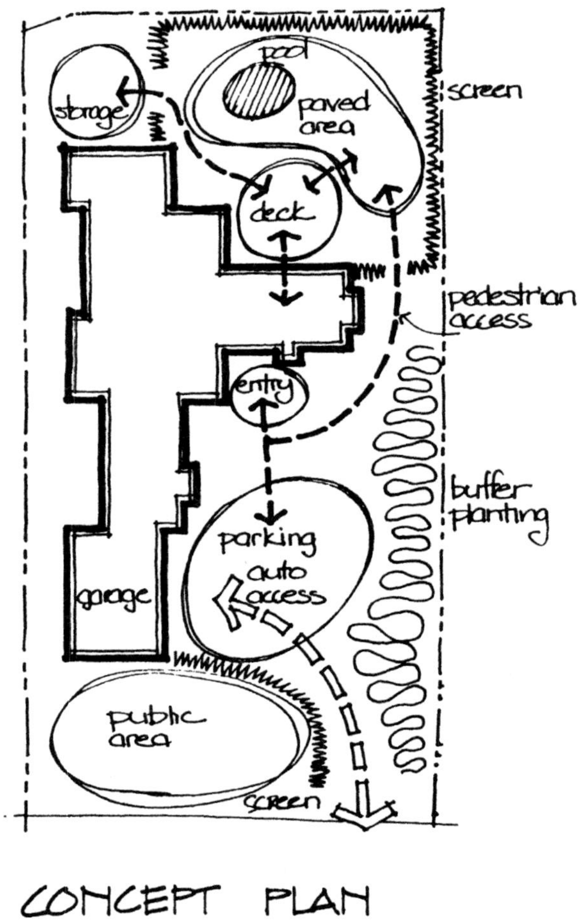

그림 1-14 개념 계획

모든 현황에 대한 조사 자료와 설계자의 의견과 평가가 들어 있는 분석 자료가 주는 지침들은 스케일이 있는 대상지의 기초 계획과 함께 빨리 그리고 쉽게 다이어그램화된다. 여기에 보여주지는 않았지만 설계 과정에서 두 가지 중요한 단계가 개념 다이어그램보다 앞서서 이루어져야 한다.

조사 분석된 스케일이 있는 도면 위에 트레이싱지를 올려 놓고 효과적인 방법으로 개념 다이어그램을 그릴 수 있다. 그러한 과정에서 대상지에 대한 정보와 기술된 프로그램을 함께 고려해야 한다.

그림 1-15는 미래의 커뮤니티 센터 대상지의 현황을 보여준다. 그림 1-16과 1-17은 이러한 개발을 위한 두 개의 대안적 개념을 보여준다. 두 가지 개념은 모든 프로그램 요구를 충족시키고 현황을 잘 인식하고 있지만 두 가지 개념은 아주 다르다. 대안의 신중한 비교는 각 대안의 장점과 단점을 드러내 주고 더 좋은 대안을 선택하는 데 정보를 제공해 준다.

개념을 발전시켜 나갈 때 특수한 형태나 모습을 도입하는 것을 피하는 것이 최선이다. 이 단계에서 아메바형의 물방울 모양의 선은 특수한 재료나 대상물의 정확한 모서리가 아니라 이용 지역(예를 들면 다목적 광장)의 근사한 한계를 나타낸다. 방향성 있

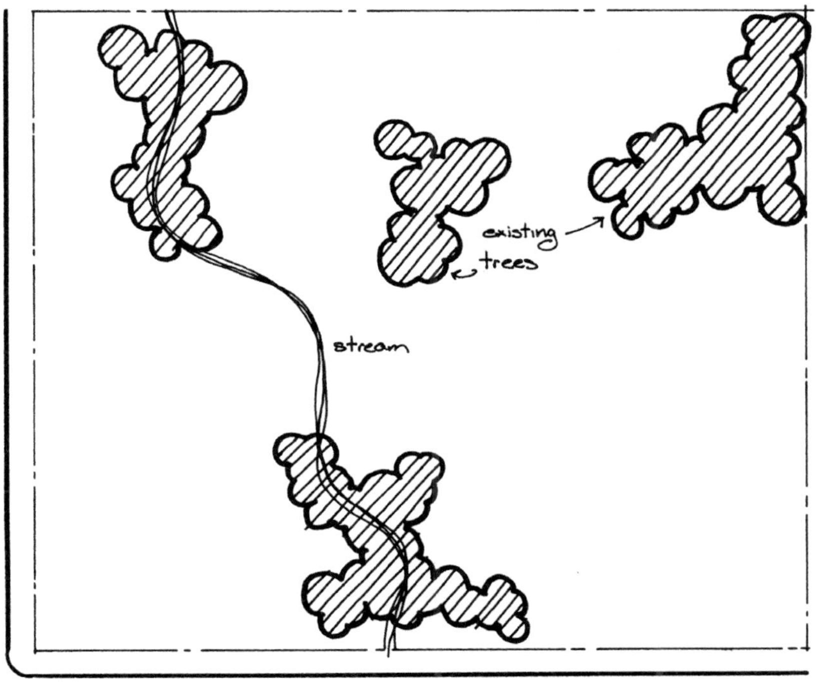

그림 1-15

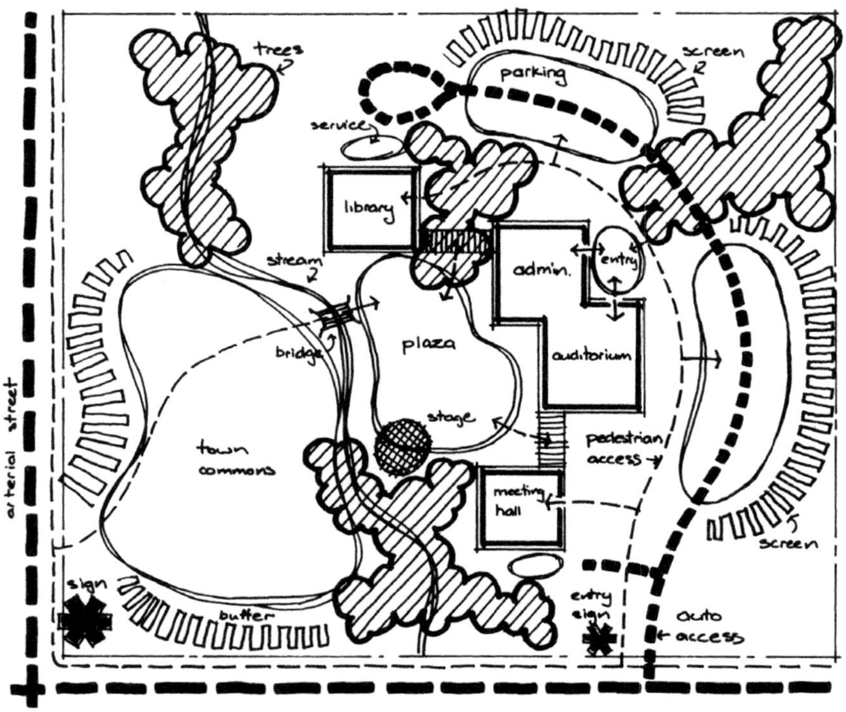
trees
screen
parking
service
library
entry
admin.
stream
bridge
plaza
auditorium
stage
pedestrian access
town commons
meeting hall
screen
arterial street
sign
buffer
entry sign
auto access

그림 1-16

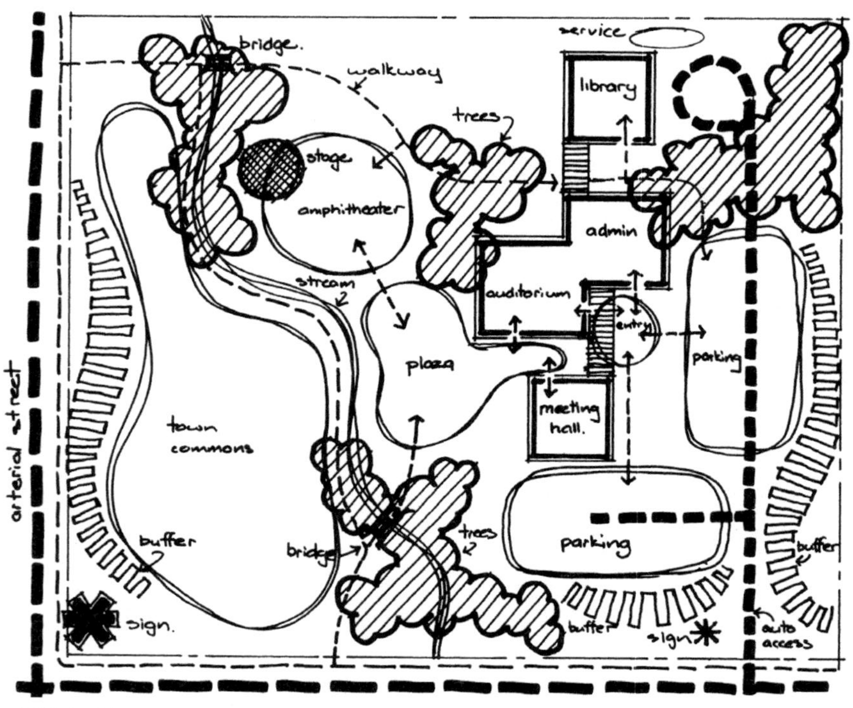
bridge.
walkway
service
library
trees
stage
amphitheater
admin
stream
auditorium
entry
parking
plaza
meeting hall.
town commons
arterial street
buffer
bridge
trees
parking
buffer
sign.
buffer
sign
auto access

그림 1-17

는 화살표는 보행로나 도로의 모서리가 아니라 동선을 나타낸다.

설계 과정의 이러한 계획 단계에서 첫 번째 개념화 단계로서, 조직화는 지금까지 대상지에 적용되어 왔다. 딱딱한 경관이나 물, 열린 잔디, 식재된 지역과 같은 포장 재료에 대해서 지시해 줄 수 있다. 그러나 디테일한 색상이나 질감, 패턴과 형태에 대해서까지 언급할 필요는 없다. 대상지의 일부분이 좀 더 복잡한 처리를 해야 한다면 이러한 부분만 개념 계획을 정교하게 해야 할지도 모른다. 부지의 한 부분이 더 복잡한 처리를 필요로 한다면 이 부분에 대한 개념 계획을 상세히 할 필요가 있다.

다음 두 장에서는 개념적인 틀로부터 전개되는 과정에 따른 형태의 다양성을 탐구하게 된다. 형태 전개의 과정은 아주 다른 두 개의 방식으로 나뉜다. 하나는 주제를 이끌어가는 것으로서 기하학적인 형태에 근거를 두고 있다. 그러한 요소와 연결 및 관계성이 다양한 기하학적 형태 내에 잠재해 있는 질서의 엄격한 법칙을 따른다. 이러한 접근 방법을 사용하면 강력한 통일감이 있는 공간을 얻을 수 있다.

그러나 순수한 낭만주의자들에게 기하학은 둔하고 지루하고 추하고 공격적인 모습으로 나타날지도 모른다. 이러한 사고방식은 자연적인 형태를 사용해서 더 직관적이고 반이성적인 접근을 통해서 설계에 의미를 가져오는 것이다. 이러한 형태는 변덕스럽고 산만하고 이상하고 임의적이나 이용자의 즐거움이나 모험적인 부분에 더 어필하게 될 것이다.

두 가지 모두 잠재해 있는 구조로서 단지 구조만으로 서로를 차별할 필요는 없다. 예를 들면 임의적인 것이 주는 기쁨은 원과 같이 순수한 질서의 측면을 보는 즐거움이 될 수 있지만 임의적으로 물방울을 모아 놓음으로써 다양성을 총체적으로 해결할 수 있는 것은 아니다(그림1-18).

그림 1-18

Chapter 02

기하학적인 형태 개발

개념으로부터 형태로 뛰어넘는 과정은 느슨한 물방울 모양과 화살표에 의해서 이루어진 개념 계획이 특수한 모습으로 변환되는 것에 의해 체계화된 정교한 과정으로 볼 수 있다. 인식할 수 있는 대상물이 나타나고, 실제적인 공간이 전개되고, 명료한 모서리가 그려지고, 실제 재료의 타입과 색깔, 질감이 선택된다. 이러한 요소들이 어떻게 창조적으로 다루어질 수 있는가 하는 것은 제4장에서 더 자세하게 설명될 것이다.

조직을 이루기 위한 유용한 원칙 중 하나는 반복이다. 단순한 기하학적 형태나 수학적으로 얻어진 형태를 체계적인 방법으로 반복함으로써 결과적으로 나타나는 형태는 강력한 통일성이 될 것이다. 형태의 흥미 있는 다양성은 크기와 위치를 달리함으로써 가장 기본적인 형태로부터 발전되어 간다.

기하학적인 형태를 위한 출발점은 네모, 세모, 원 세 가지의 일차적 형태이다(그림 2-1).

경관을 구성하는 기하학적인 주제는 각 일차적 형태로부터 얻어질 수 있다.

• 네모에서 얻어진 90° 직각 주제
• 45°/90° 각에서 얻어진 135° 8변형 주제
• 120° 육각형 주제
• 원 위의 원 주제
• 동심원과 반지름 주제
• 호와 접선 주제
• 원의 분할 주제
• 타원 주제
• 나선형 주제

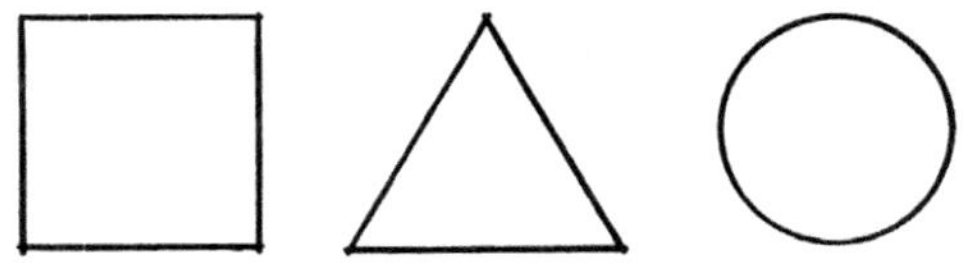

그림 2-1

이와 같이 다른 구조를 만드는 주제를 조합하는 가장 효과적인 방법의 하나는 정보의 여러 가지 레이어를 동시에 비교하는 것이다. 이것은 트레이싱지를 겹침으로써 행해지고 만약, 컴퓨터로 디자인한다면 CAD프로그램에서 레이어를 중첩시킴으로써 행해진다. 두 가지 모두 그림 2-2와 같이 정보의 레이어를 동시에 비교하거나 볼 수 있다.

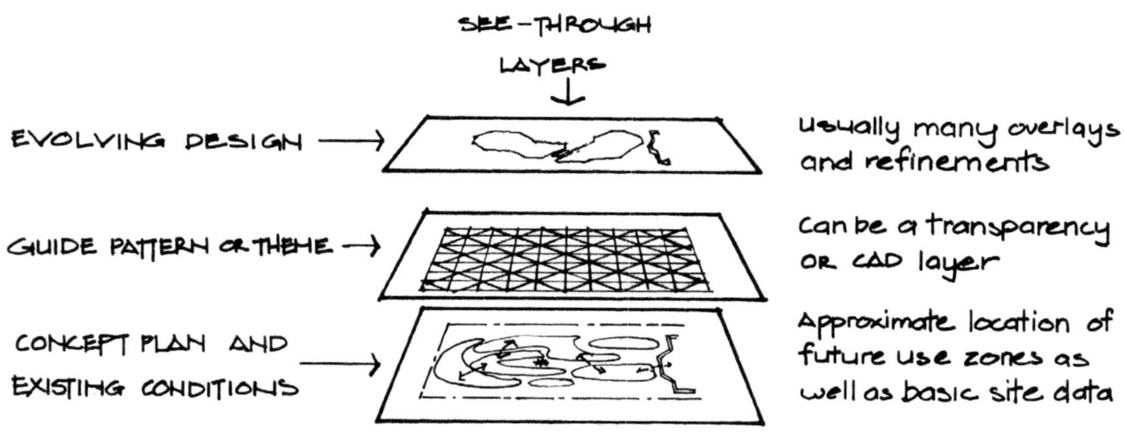

그림 2-2

흔히 개념 계획은 정태적이다. 주제를 표현하는 데 이용된 패턴은 이동되거나 필요에 의해서 다른 패턴으로 변화될 수 있다. 이러한 패턴의 몇 가지는 직접적인 레이어링(layering)에 잘 적응한다(90°, 135°, 120°, 원 위의 원, 호와 반지름, 타원). 한편, 다른 것들(호와 접선, 자연적인 형태의 모든 주제)은 측면 지원을 하는 진전된 디자인이다.

| 90° 직각 주제 |

90° 직각형은 가장 간단하고 유용한 것으로서 많은 건물 재료와 관련되어 있고 건축하는 방법에 쉽게 적응한다. 네모와 직각형은 그로부터 상당히 쉽게 형태를 끌어낼 수 있기 때문에 건물 환경에서 가장 널리 존재하는 조직의 모습이다. 개념 계획의 밑그림으로서의 90° 방형 패턴은 쉽게 재조직될 수 있는 기능 다이어그램을 제공해 준다. 형태를 이끌어내는 데 90°의 방형을 따름으로써 개념의 아주 가까운 형태가 다시 얻어지게 된다(그림 2-3, 2-4).

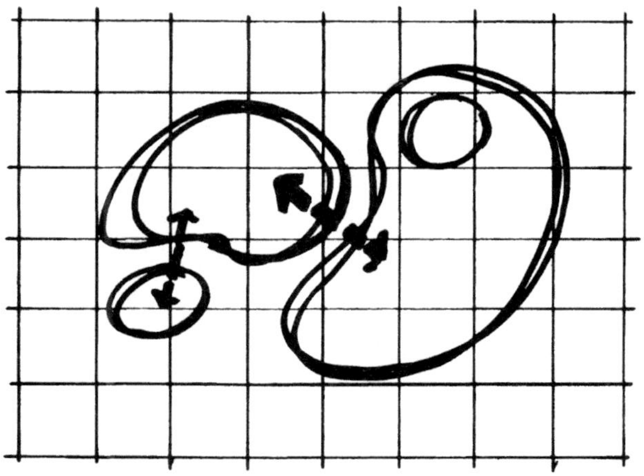

그림 2-3

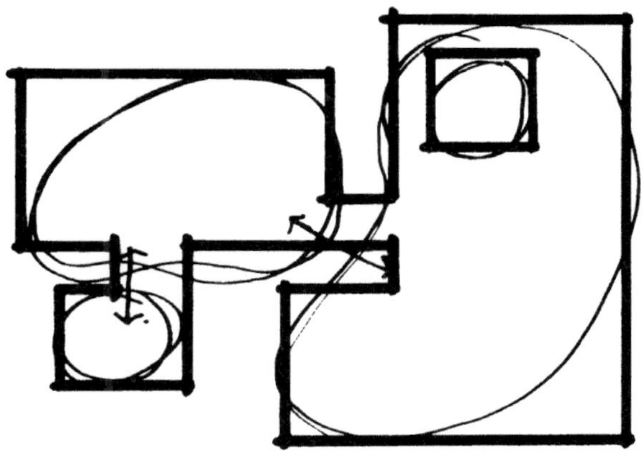

그림 2-4

90°의 모서리를 가지고 평행을 이루는 새로운 윤곽선을 가진 상자 같은 형태는 다른 의미를 내포하고 있다. 개념 계획 안에 있는 물방울 모양의 선과 화살표는 기능적인 지역이나 움직임의 통로와 같은 추상적인 아이디어를 나타내는 반면, 굵게 그려진 선은 실제 대상물을 나타낸다. 그러한 선들은 대상물의 모서리를 나타내기도 하고 재료의 변화를 나타내기도 하며 레벨의 차이를 나타내기도 한다. 개념 계획에서 한 개의 선(그림 2-5)으로 되어 있는 화살표는 보행로의 모서리를 나타내기 위하여 두 개의 선(그림 2-6)으로 표현된다. 칸막이 심벌(그림 2-5)은 두 개의 벽돌담 양쪽을 나타내고, 초점 심벌은 조그마한 분수(그림 2-6)를 나타낸다.

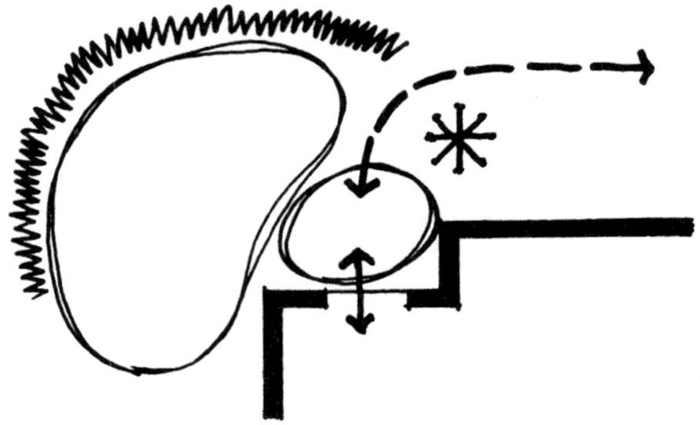

그림 2-5

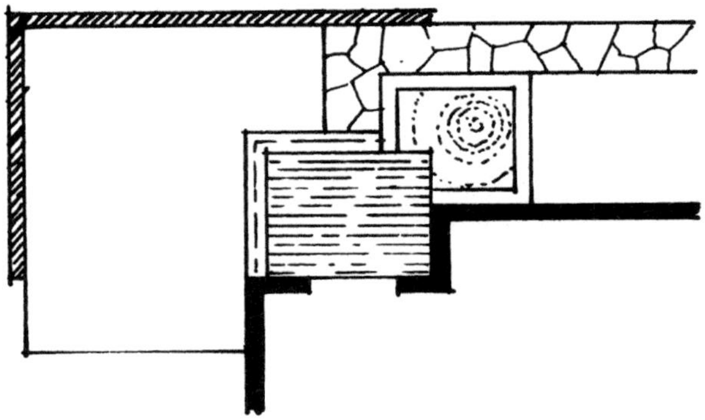

그림 2-6

축이 있는 좌우 균제(symmetry)와 접속해서 가장 쉽게 발전시킬 수 있는 90° 직각형은 정형적인 의미를 표현하는 구조의 기초로서 자주 작용된다. 직각형은 구조는 간단하지만 특별히 2차원적인 형태가 3차원적인 형태로 수직적으로 확장될 때 매우 의미 있는 비정형적 공간이 될 수 있다. 형태가 계단과 벽에 의해서 낮아지거나 높아짐으로써 생기는 레벨의 변화는 공간의 질을 강화시켜 줄 수 있다. 다음의 예(그림 2-7~2-15)는 직각형의 예를 보여주고 있고 그러한 형태가 벽이나 지붕, 부지의 장치물의 구조로 어떻게 쓰일 수 있는가를 보여준다.

그림 2-7

그림 2-8

그림 2-9

그림 2-10

그림 2-11

그림 2-12

그림 2-13

그림 2-14

그림 2-15

| 135° 8변형 주제 |

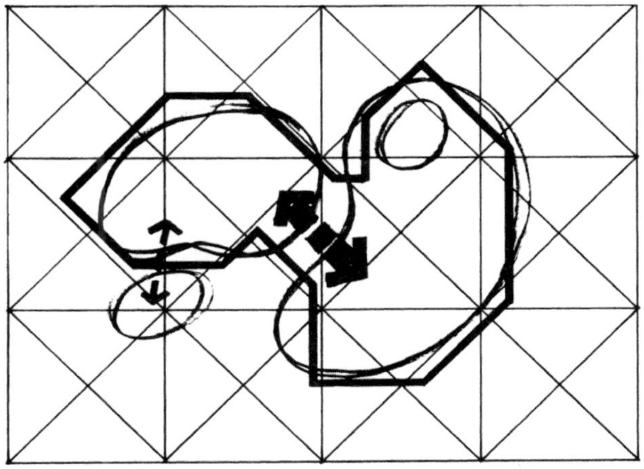

그림 2-16

각의 주제는 더 동적인 경향이 있어서 90° 각의 주제보다 덜 정형적이다. 그것들은 공간에 더 큰 움직임의 느낌을 가져온다. 135° 8변형 주제를 가지고 개념에서 형태로 넘어가는 단계를 조직화하기 위하여 여기서 다시 준비된 지침 패턴을 사용하는 것이 가능하다. 서로 45°로 되어 있는 두 개의 직각 그리드는 기본적인 뼈대가 된다. 두 개의 다른 형태 사이의 비교를 위해서 직각형에서 사용한 것과 같은 개념 계획이 여기서도 사용되었다. 이번에는 135° 8변형 주제 그리드를 겹쳐 놓았다(그림 2-16).

대상물이나 재료와 레벨의 변화된 모서리를 나타내기 위하여 선을 다시 그리는 것은 간단한 과정이다. 밑에 있는 패턴은 지침에 불과하기 때문에 그리드 선 위에 정확하게 그릴 필요는 없다. 그러나 패턴을 만들기 위하여 밑에 있는 그리드에 평행하게 선을 그리는 것은 중요한 일이다. 방향을 바꿀 때 지배적인 각이 135°가 되어야 한다(소수의 90°각은 좋으나 45°각은 피하라). 135° 주제를 사용한 통일된 흥미 있는 디자인에서 발생하는 제안된 것들의 요약을 그림 2-17, 2-18에서 볼 수 있다.

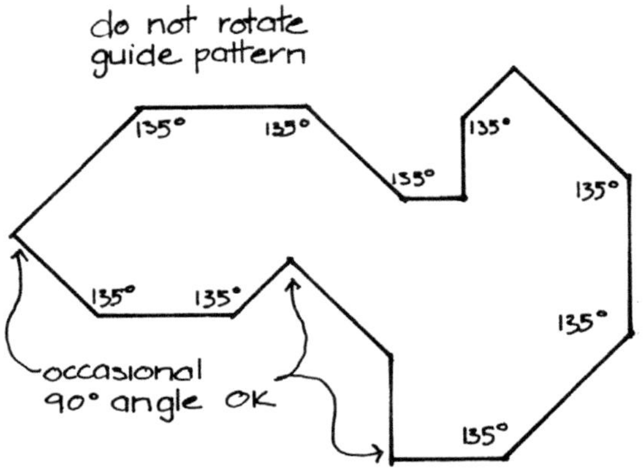

그림 2-17 좋은 결합 - 이를 위해 노력하라.

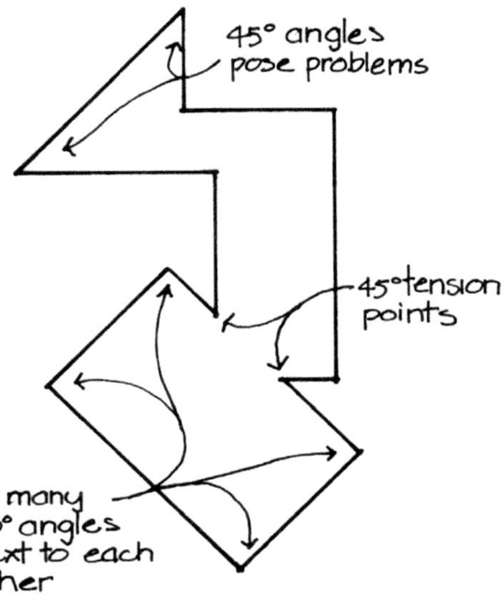

그림 2-18 나쁜 결합 - 이를 피하라.

거의 대부분의 경관 상황에서 예리한 각은 문제를 일으킨다. 점은 긴장을 일으키고 좁은 수직 모서리는 불안한 칼과 같은 느낌을 주게 되며 조그만 쐐기는 유지 관리가 어렵고 구조적인 파괴는 꽉 끼는 각과 관련되어 있다. 그림 2-19는 쓸모없는 까다로운 잔디의 작은 쐐기를 보여준다. 그림 2-20은 예리한 각을 가진 담장의 파괴를 보여준다.

그림 2-19

그림 2-20

다음의 예(그림 2-21~2-26)들은 135° 8변형을 주제로 만들어진 전체적인 공간의 영향에 대하여 보여주고 있다.

그림 2-21

그림 2-22

그림 2-23

그림 2-24

그림 2-25

그림 2-26

| 120° 육각형 주제 |

이 주제의 지침 패턴은 60° 등변 삼각형의 그리드나 그림 2-27에 보이는 육각형의 연속과 같이 보인다(부록 그림 A-3, A-4 참고). 둘 다 같은 방법으로 사용될 수 있다.

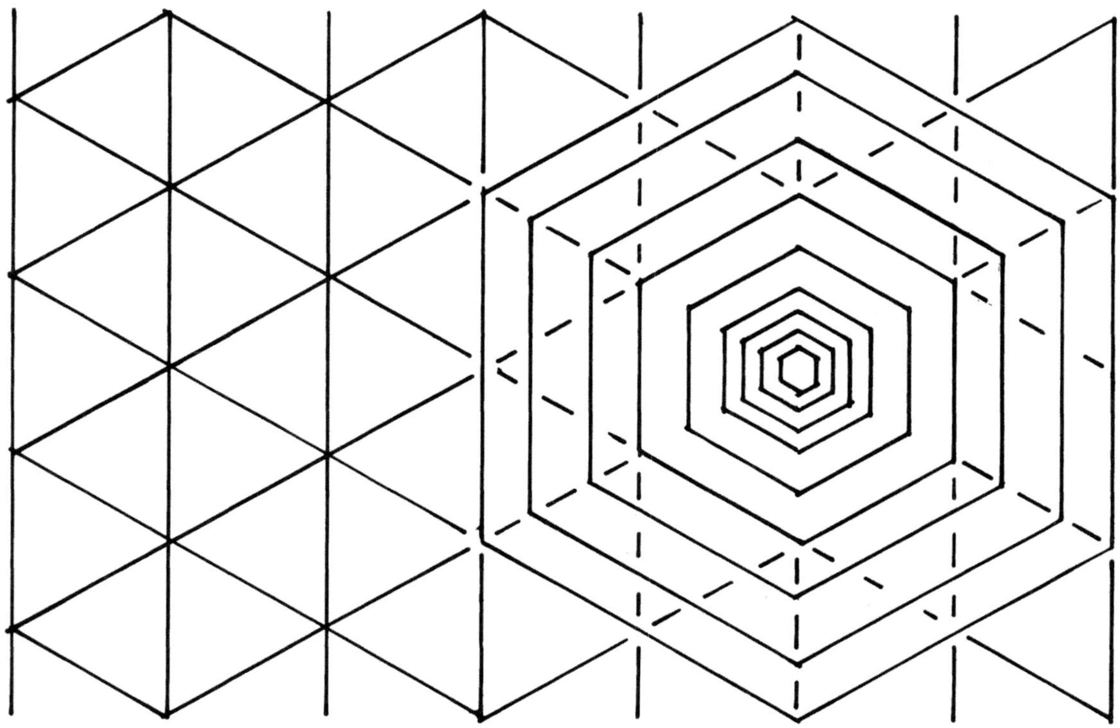

그림 2-27

그림 2-28과 같이 지침 패턴 위에 개념 계획을 겹쳐 놓음으로써 경관 요소들의 육각형 윤곽이 그려질 수 있다(그림 2-29). 135° 패턴에서와 같이 재료의 모서리를 묘사하는 선은 그리드 선 위에 놓일 필요는 없으나 모든 경우에 평행을 유지해야 한다.

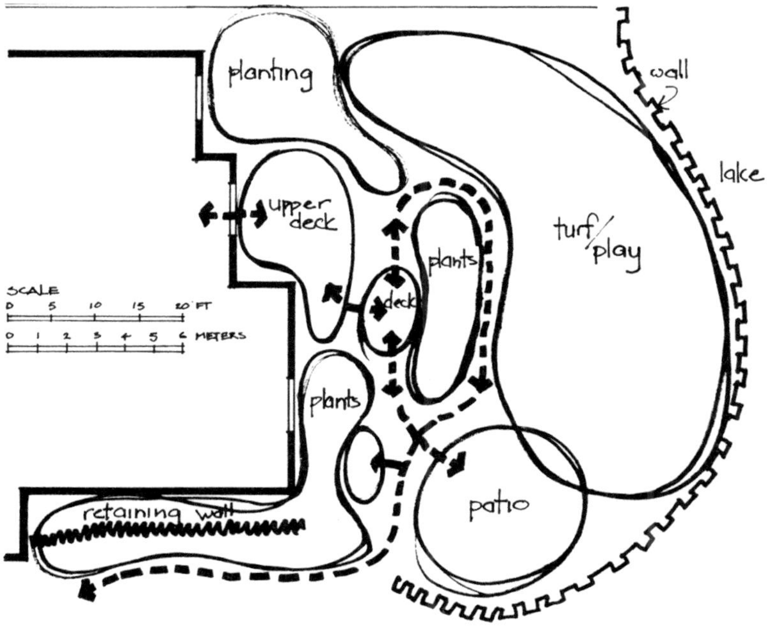
planting
wall
lake
upper deck
turf/play
plants
deck
SCALE
0 5 10 15 20 FT
0 1 2 3 4 5 6 METERS
plants
patio
retaining wall

그림 2-28

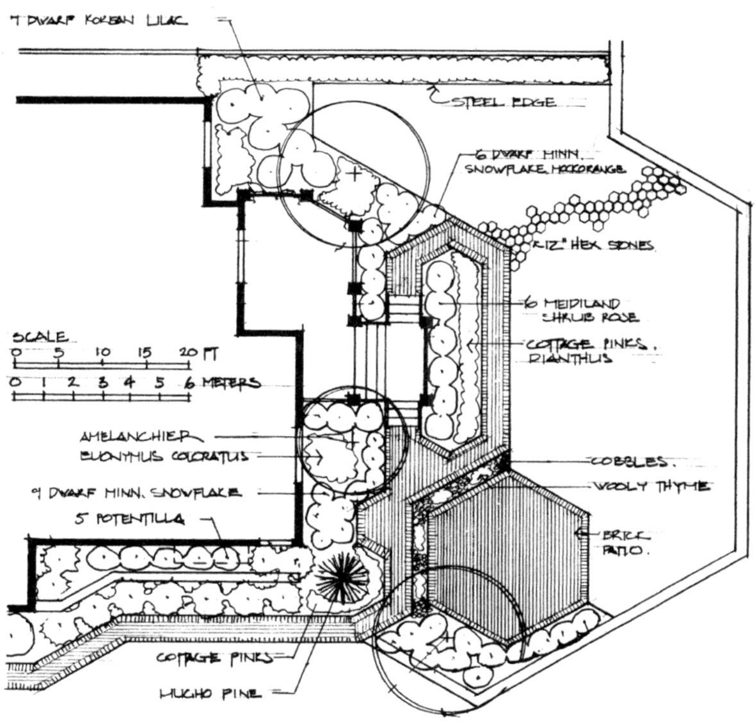
7 DWARF KOREAN LILAC
STEEL EDGE
6 DWARF MINN. SNOWFLAKE MOCKORANGE
12" HEX STONES
6 MEIDILAND SHRUB ROSE
COTTAGE PINKS, DIANTHUS
SCALE
0 5 10 15 20 FT
0 1 2 3 4 5 6 METERS
AMELANCHIER
EUONYMUS COLORATUS
9 DWARF MINN. SNOWFLAKE
5 POTENTILLA
COBBLES
WOOLY THYME
BRICK PATIO
COTTAGE PINKS
MUGHO PINE

그림 2-29

순수한 육각형 지침을 사용할 때 개념 계획에 제시된 공간 요구도에 따라서 다양한 크기의 육각형을 그릴 수 있다(그림 2-30). 더 나아가서 육각형을 함께 복사하거나 미끄러뜨리거나 늘리기 위해서 떨어뜨리거나 접촉하거나 겹치거나 서로의 내부에 맞게 하거나 한다. 그러나 절대로 패턴을 회전시키지는 않는다. 회전은 구성의 통일성을 파괴시킨다.

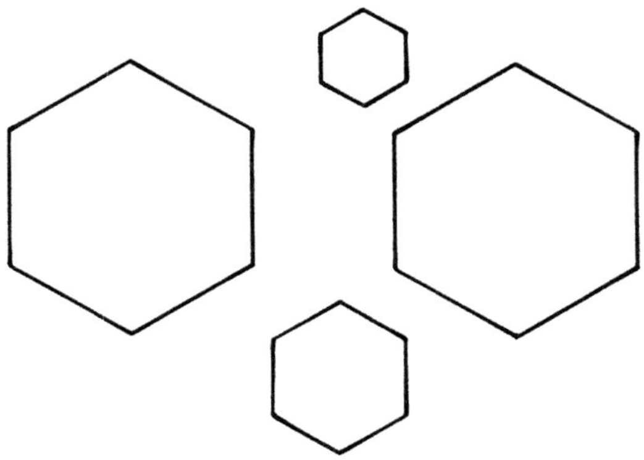
그림 2-30

개념 계획에서는 위치와 공간적인 배치가 나타나도록 하라(그림 2-31, 2-32).

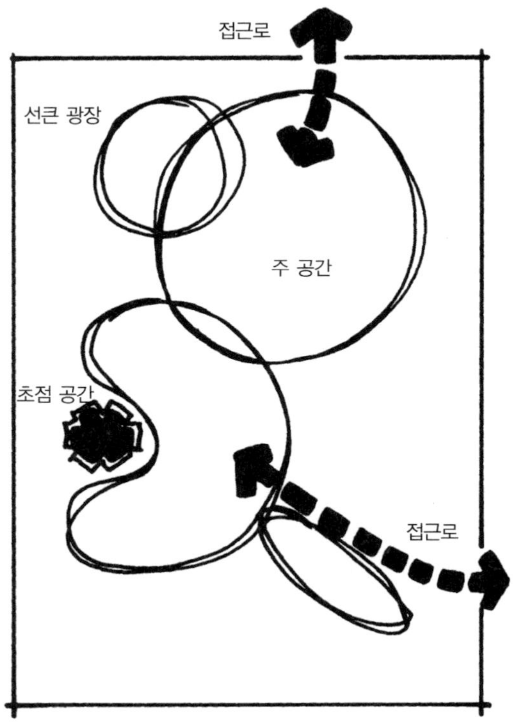

그림 2-31

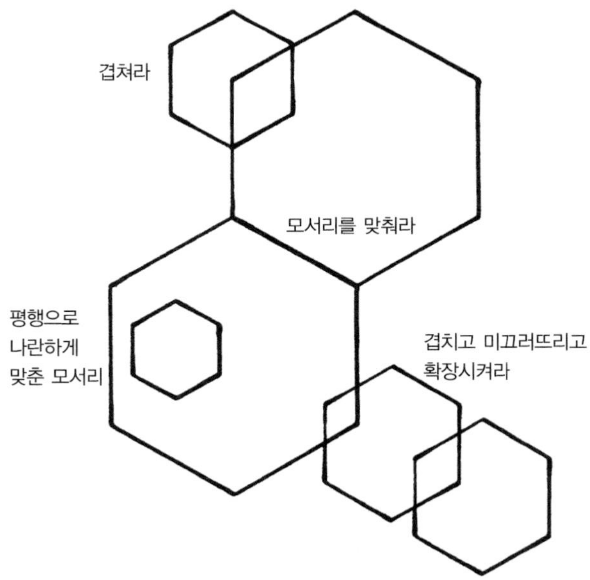

그림 2-32

선을 빼고 공간의 윤곽을 잡고 공간을 만들기 위하여 연결을 더함으로써 구성을 단순화하라. 그림 2-33, 2-34에서 보는 바와 같이 공간을 단순화시켜야 한다. 선들은 재료의 모서리를 나타내는 것임을 기억하라. 60°와 30°의 예리한 각을 피하라. 45°의 각을 사용함으로써 안정되지 못하고 관리하기 어렵고 위험한 모서리가 만들어지게 된다.

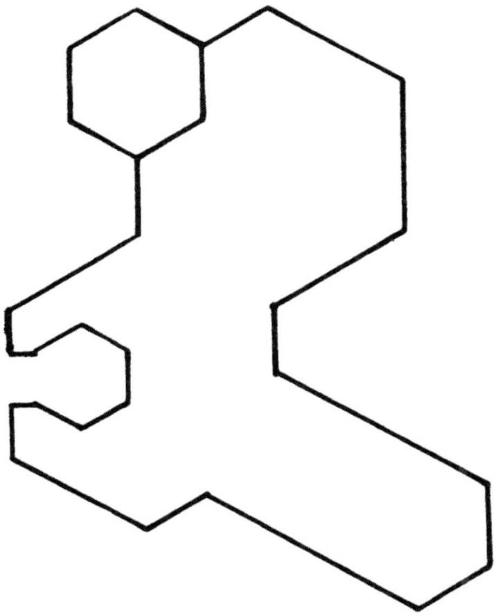

그림 2-33

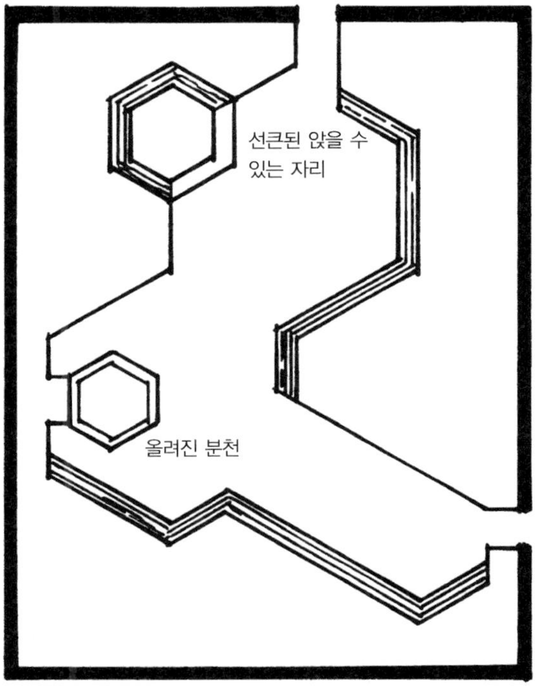

그림 2-34

높낮이를 조절함으로써 혹은 수직적인 요소나 사람 키 이상의 요소를 도입함으로써 3차원 공간의 잠재력을 활용하라. 공간을 인간화하기 위하여 가로 장치물이나 다른 쾌적한 요소를 부가적으로 더해 주어라(그림 2-35).

그림 2-35

120° 주제를 이용한 통일되고 흥미 있는 디자인을 하기 위한 제안에 대한 요약을 그림 2-36, 2-37에서 볼 수 있다.

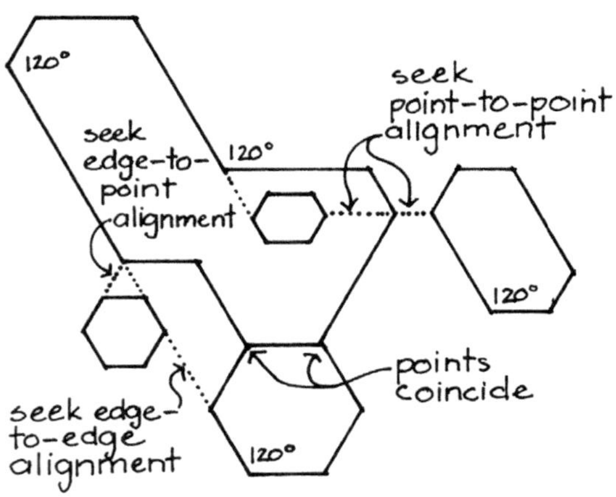

그림 2-36 좋은 결합 - 이를 위해 노력하라.

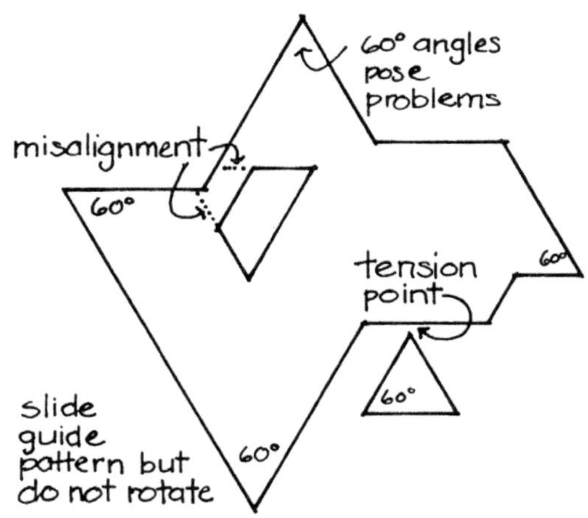

그림 2-37 나쁜 결합 - 이를 피하라.

육각형을 이용하여 가능한 모습은 무수히 많다. 그림 2-38, 2-39를 보라.

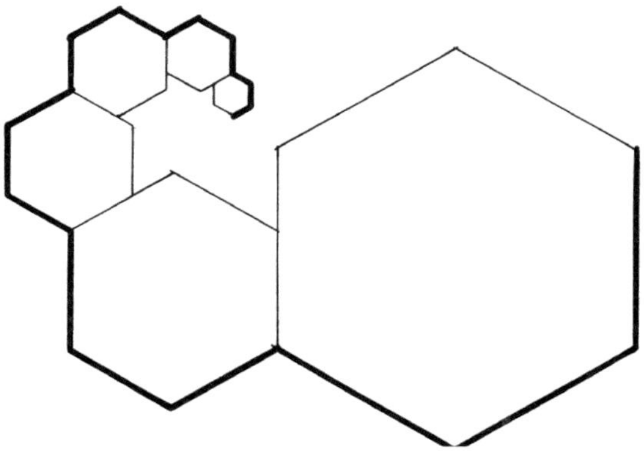

그림 2-38 나선형 배치

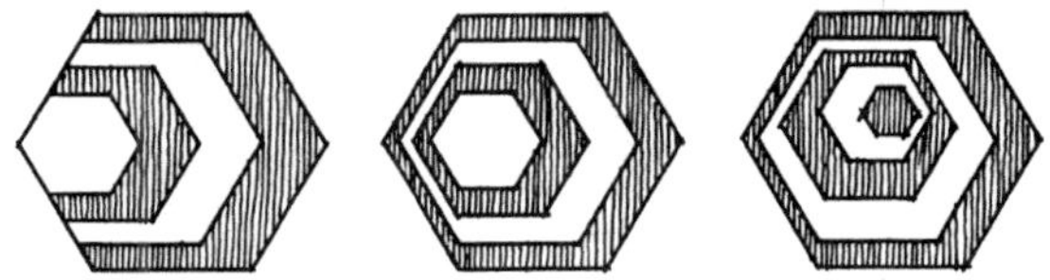

그림 2-39 편향된 중심의 배치

다음의 예들은 공간을 조직하는 주제로서 120°/육각형 주제를 사용한 공간 표현의 흥미 있는 다양성을 보여주고 있다(그림 2-40~2-43). 건물에서 30° 구부리는 것이 육각형 경관 주제에 어떻게 적합하게 되는지를 그림 2-40에서 볼 수 있는데 기존의 테니스장과 클럽하우스 선 사이에서 60° 각의 관계성 때문에 120°/육각형 주제가 어떻게 선정되었는지를 주목하라.

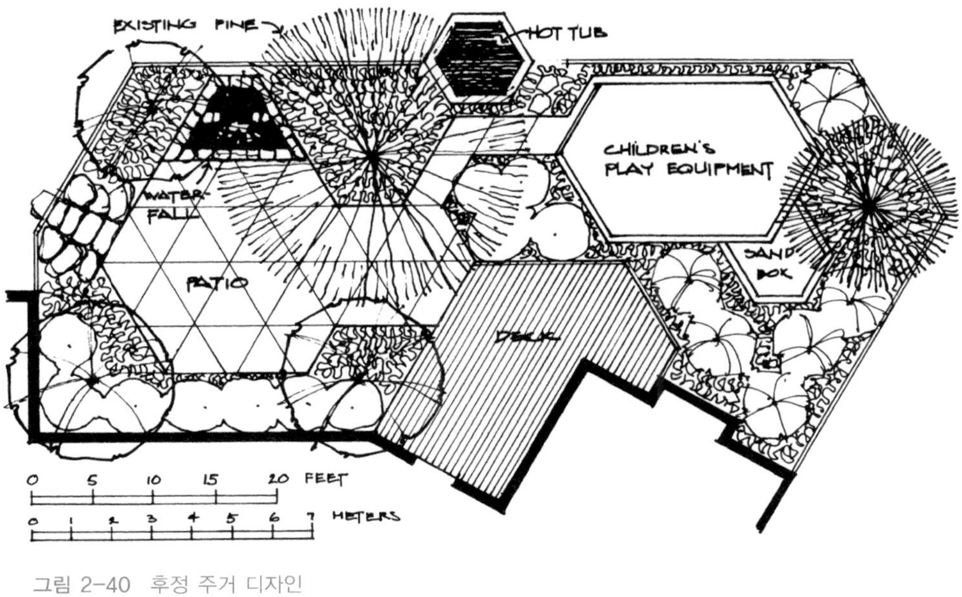

그림 2-40 후정 주거 디자인

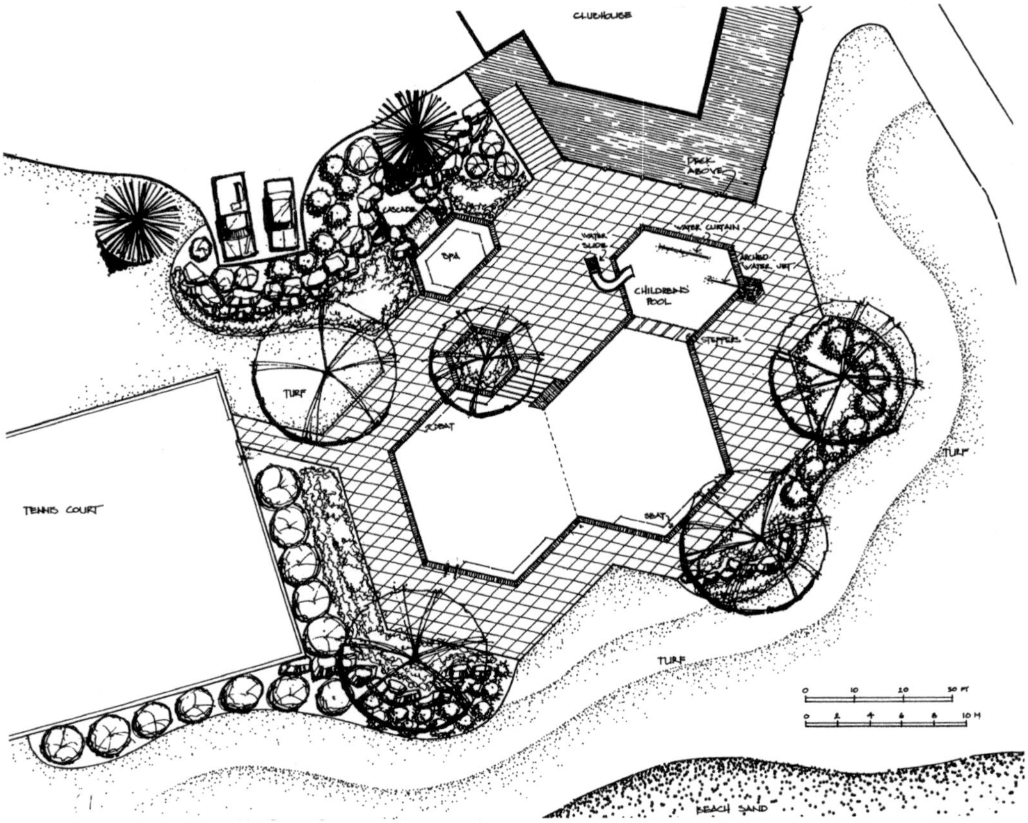

그림 2-41 컨트리클럽 레크레이션 지역

그림 2-42 부다페스트, 헝가리

그림 2-43 사무실 건물, 로스앤젤레스

직선의 주제를 마무리하기 전에 단순한 기하학적 각과는 반대로 왜곡된 그리드를 사용하는 가능성에 대하여 몇 가지 생각해 보라(그림 2-44).

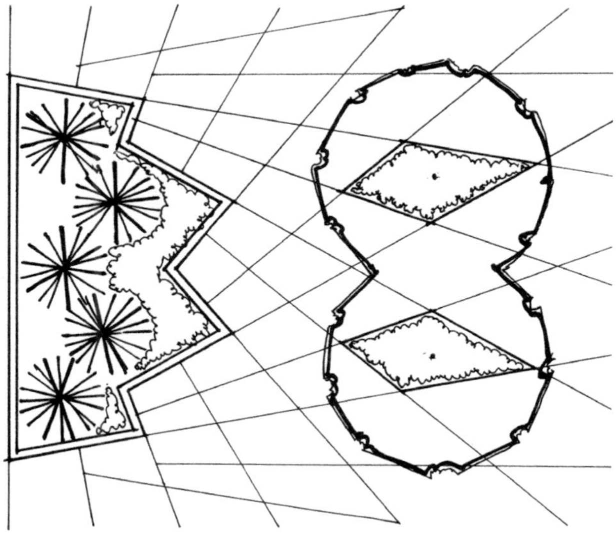

그림 2-44 방사하는 그리드

이러한 모습은 평평한 평면에 사용될 때 흥미롭게도 투시도와 같은 착각을 느끼게 해준다(그림 2-45).

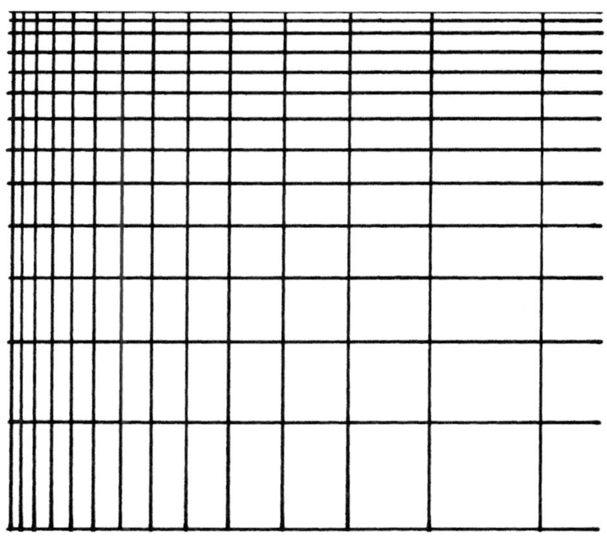

그림 2-45 압축된 직각 그리드

| 원 위의 원 |

원의 힘은 단순성과 완전한 통일감 그리고 완전성에 있다. 이것은 역시 동작과 고요함의 이중성을 상징한다(그림 2-46). 하나의 순수한(pure) 원에 기초해서 디자인된 공간은 단순성과 힘을 동시에 주게 될 것이다. 그러나 다양한 조작은 하나의 순수한 원 이상의 것을 가능하게 한다.

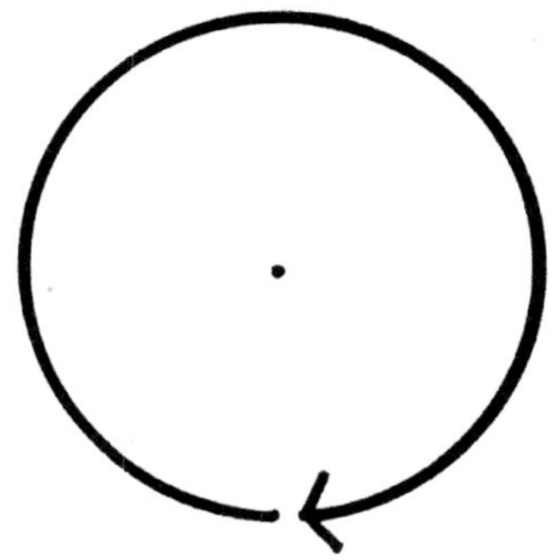

그림 2-46

기본적인 주제는 서로의 내부에 여러 가지 크기의 원을 놓거나 겹쳐 놓는 것이다.

원의 기본적인 형태를 가지고 출발하라. 똑같은 원을 만들어라. 확대시켜라. 축소시켜라(그림 2-47).

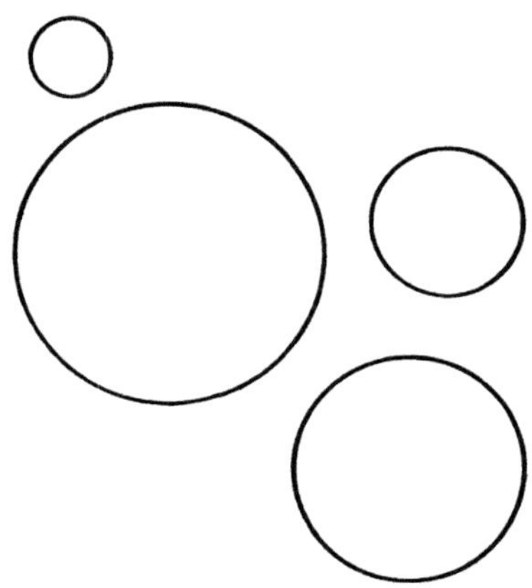

그림 2-47

개념 계획(그림 2-48) 하에 사용할 원의 수, 크기와 위치를 결정하도록 하라. 다른 대상물이나 재료를 나타내기 위하여 서로의 내부에 필요한 원을 위치시켜라.

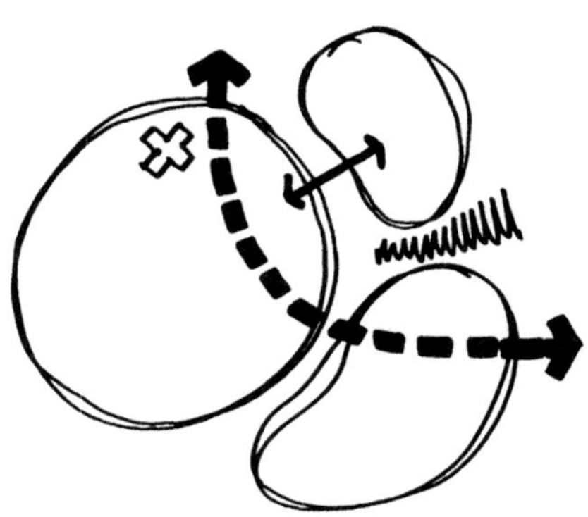

그림 2-48

겹칠 때에는 원 사이에 강력한 시각적 연결을 주기 위하여 원호가 거의 90°로 교차하도록 원을 조정하라(그림 2-49).

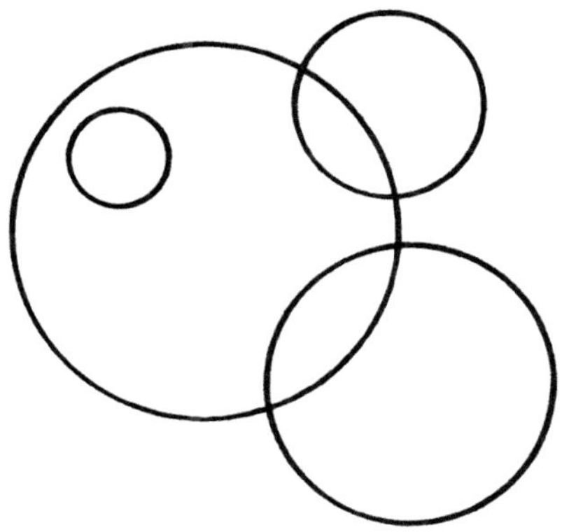

그림 2-49

그림 2-50에서와 같이 선을 빼거나 윤곽선을 그리거나 원형이 아닌 부분과 연결을 가함으로써 구성을 단순화하라. 보행로나 통로의 지선 연결은 그 중심선이 원의 중심과 일직선을 이루도록 디자인되어야 한다.

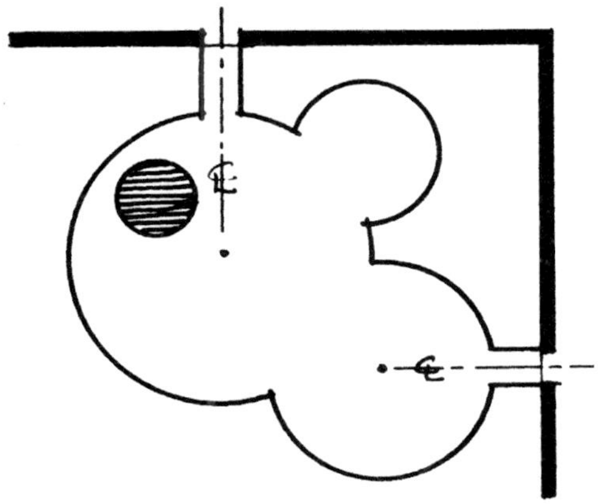

그림 2-50

예리한 각을 만들지 않도록 조금 겹치는 것을 피하라. 공간의 모서리 흐름이 S자 형태로 연속되지 않는다면 원의 접촉을 피하라. 접점 부근에서 매우 예리한 각을 형성하기 때문이다. 접촉점에서의 반전이 매우 예리한 각을 만들게 된다. 이러한 아이디어들의 그림 설명을 위해 그림 2-51, 2-52를 참고하라.

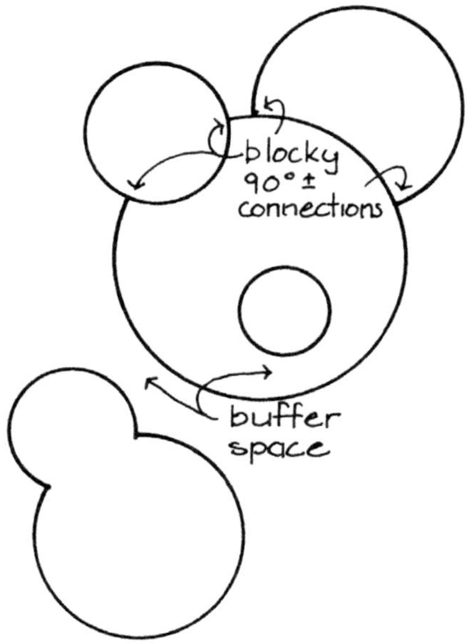

그림 2-51 좋은 결합 - 이를 위해 노력하라.

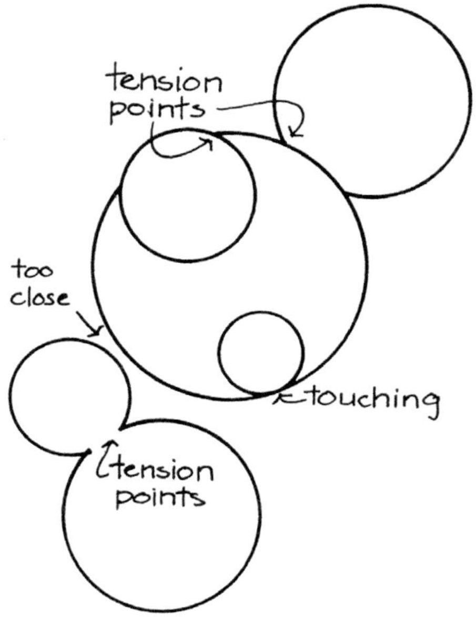

그림 2-52 나쁜 결합 - 이를 피하라.

이 호텔 광장의 항공 사진은 4개의 원으로 이루어진 경관 요소를 보여주고 있다. 그 네 가지는 풀, 돋우어진 플랫폼, 지붕을 이은 엄브렐러, 해자를 두른 퍼걸러(pergola)이다. 그것들은 분리되어 있지만 포장과 보행로에 의해서 통일되어 있다(그림 2-53).

그림 2-53

풀의 깊은 모서리 주위의 포장은 다리를 형성하기 위하여 위로 기묘하게 휘어져 있다(그림 2-54).

그림 2-54

계획 조직의 이러한 유형에서 가장 비교할 만한 양적인 형태는 원기둥과 구의 형태이다(그림 2-55~2-58).

그림 2-55

그림 2-56

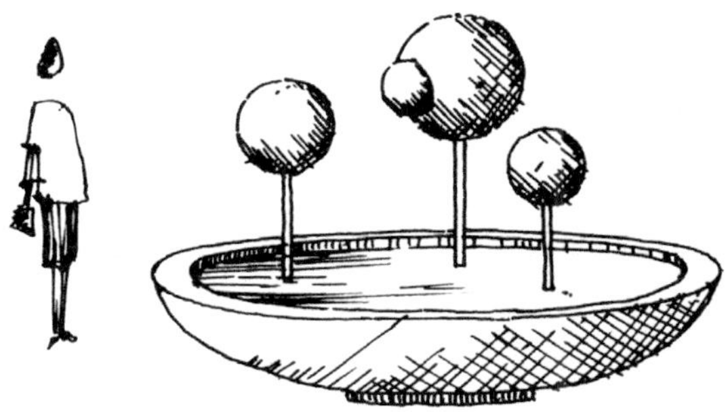

그림 2-57

그림 2-58

다음의 예(그림 2-59~2-66)에서 각각의 전체적인 구성을 만들기 위하여 사용된 원의 부분을 참고하면 될 것이다. 또한 레벨의 변화와 계단, 벽, 그 외의 3차원적인 공간 표현을 찾아보아라.

그림 2-59

그림 2-60

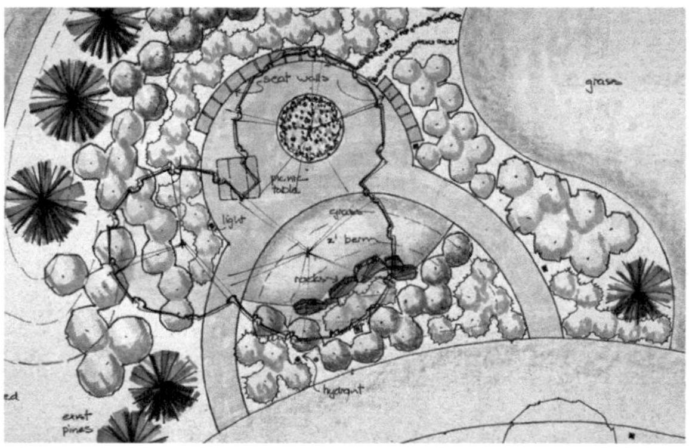

그림 2-61

그림 2-62

그림 2-63

그림 2-64

그림 2-65

그림 2-66

이 변이는 원 중심의 이동을 조사하기 위한 것이다(그림 2-67~2-69).

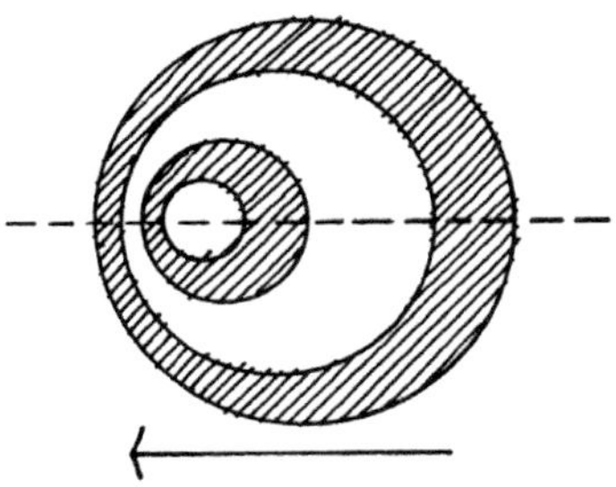

그림 2-67 축을 따라서 한쪽 방향으로 이동된 원

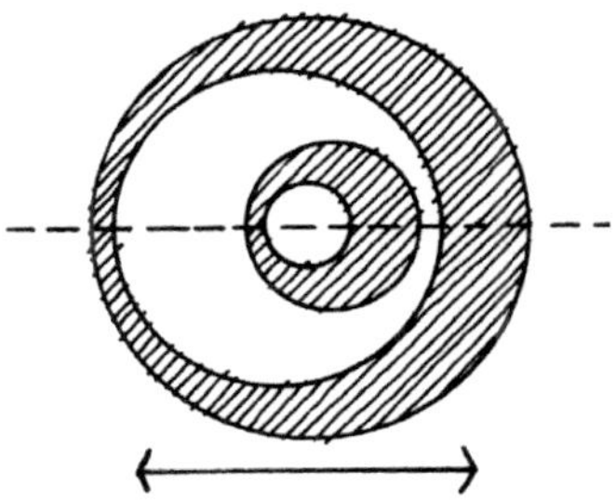

그림 2-68 축을 따라서 앞뒤로 이동된 원

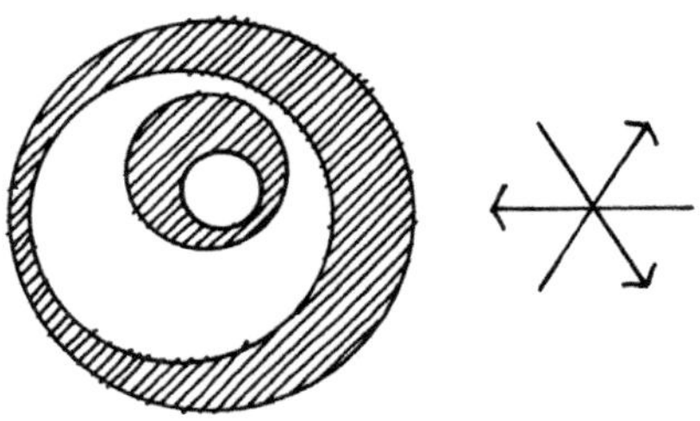

그림 2-69 몇 개의 축을 따라서 이동된 원

| 동심원과 반지름 |

전과 같이 개념 계획으로부터 출발하라(그림 2-70).

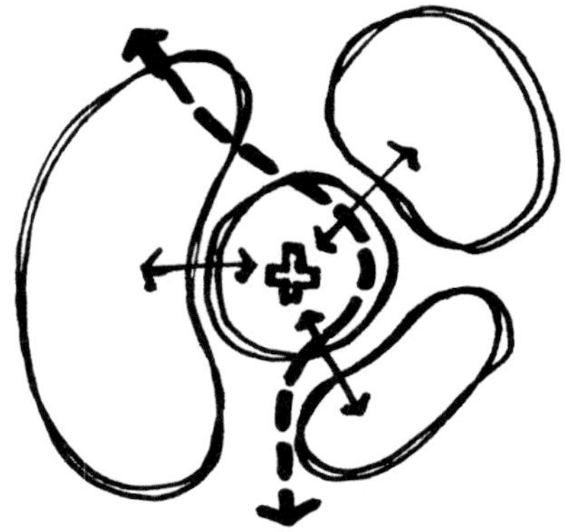

그림 2-70

이번에는 동심원의 반지름 선을 조합함으로써 거미줄 그리드를 준비하라(그림 2-71, 부록 그림 A-5 참고).

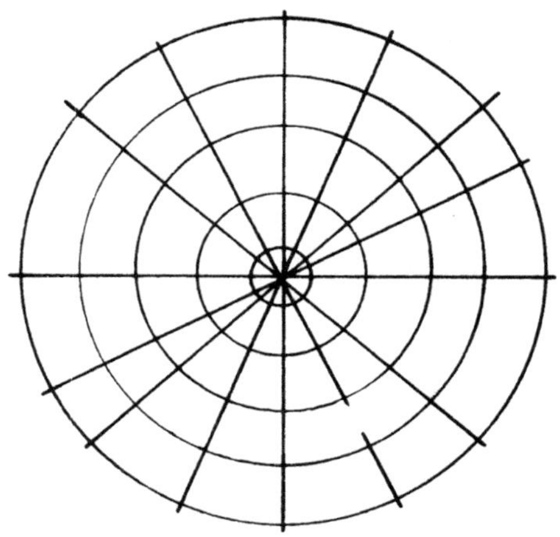

그림 2-71

이 그리드를 개념 계획에 겹쳐라(그림 2-72).

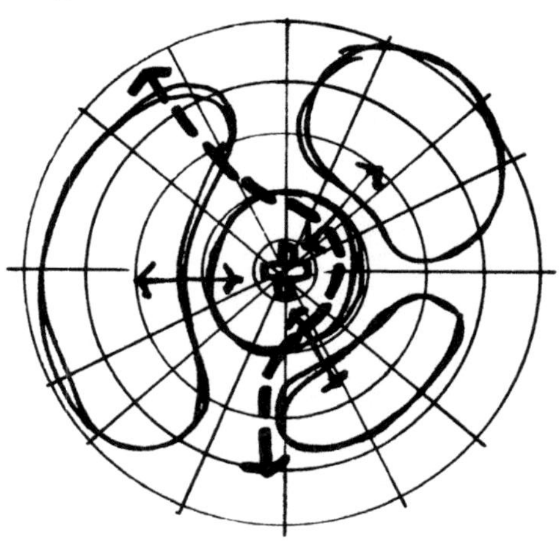

그림 2-72

개념 계획이 크기와 위치를 유도하도록 하고 거미줄 주제의 특성을 따르면서 공간 형태를 발전시켜라. 당신이 그린 선이 그리드 선의 맨 위에 오지 않을지 모르나 반지름 선이나 동심원 호가 있음으로써 중심과 관련을 맺어야 한다(그림 2-73).

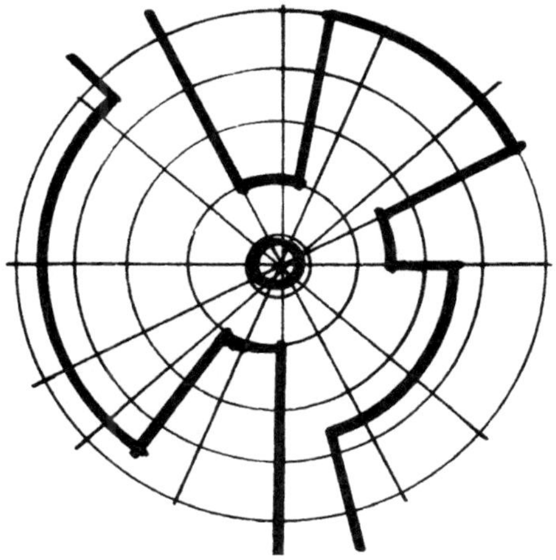

그림 2-73

선을 뺌으로써 구성을 단순화시켜라. 주변의 요소와 90° 각을 형성하도록 연결시켜라(그림 2-74).

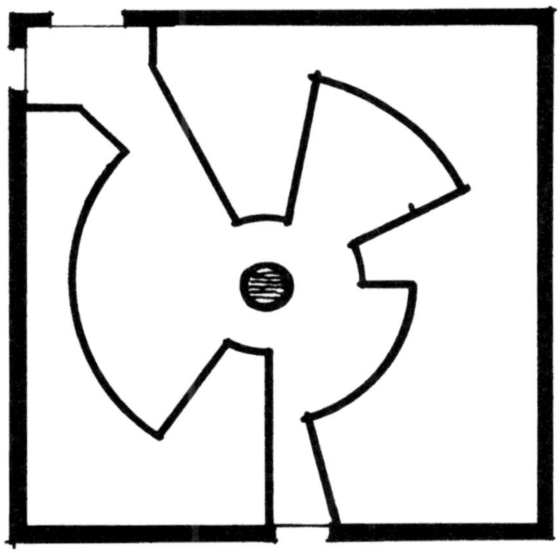

그림 2-74

다음의 예(그림 2-75~2-78)는 반지름과 동심원 디자인들을 보여준다. 중심의 주된 요소의 위치와 어떻게 잘 적응하고 있는지 점검해 보라.

그림 2-75

그림 2-76

그림 2-77

그림 2-78

| 호와 접선 |

다음의 형태는 기본 주제로서 호와 접선을 사용한 것들이다.

원에 접하는 직선은 반지름과 90° 로 만나서 접선이 된다(그림 2-79, 2-80).

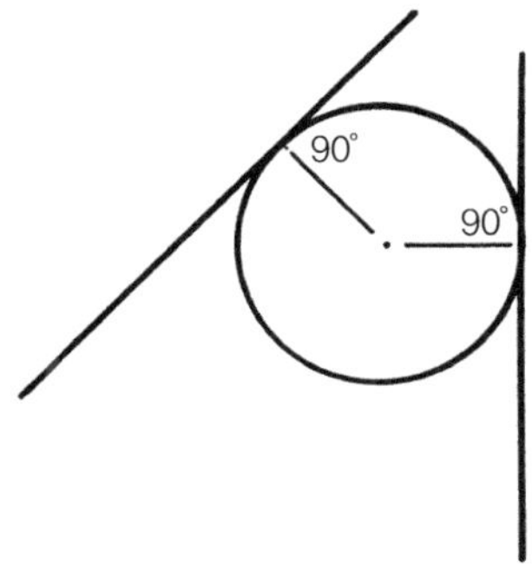

그림 2-79

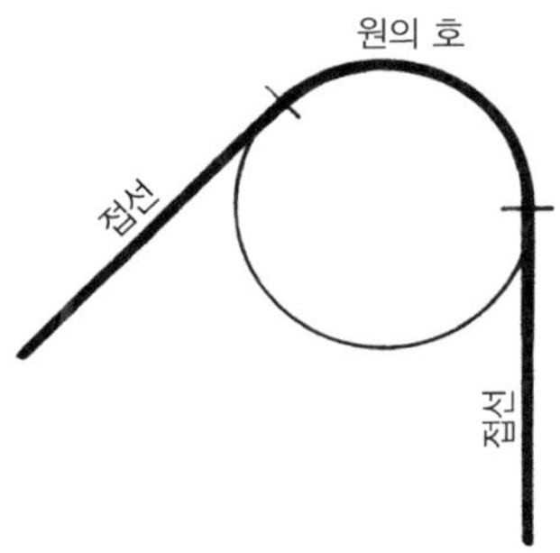

그림 2-80

개념 계획 지역을 박스 형태로 폐쇄시킴으로써 시작하라(그림 2-81).

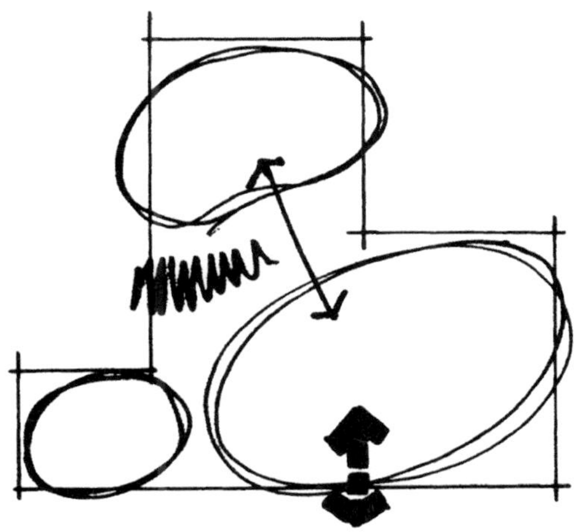

그림 2-81

각 원의 모서리가 접선에 만나도록 구석마다 여러 가지 크기의 원을 만들어라(그림 2-82).

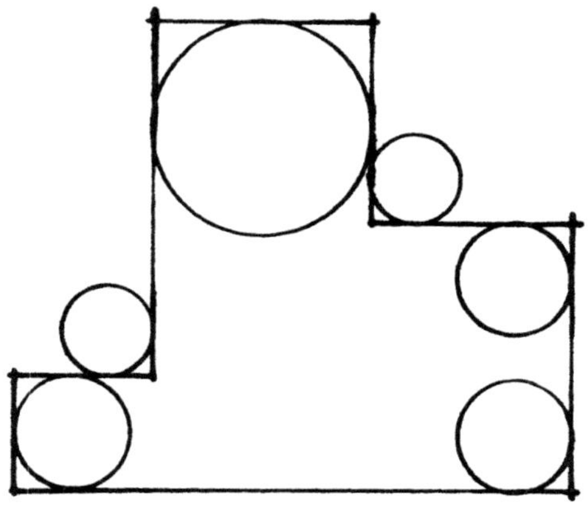

그림 2-82

호와 접선이 연결되도록 하라(그림 2-83).

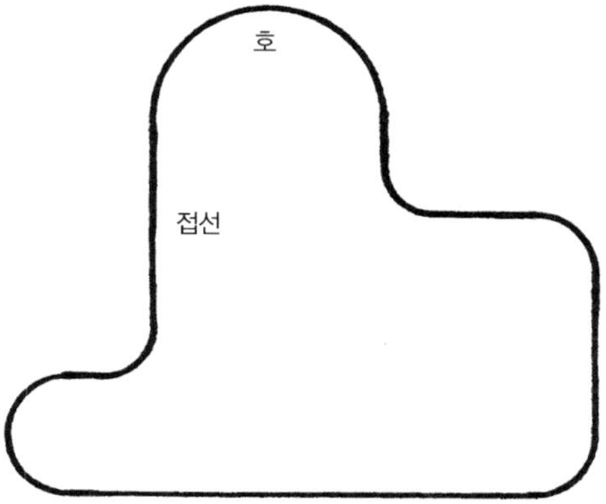

그림 2-83

단순화하고 연결시키는 것은 주변 형태와의 구성을 혼합시키기 위하여 필요한 것인지도 모른다. 의뢰인의 요구를 맞추기 위하여 재료와 시설을 더함으로써 디자인을 세련되게 하라(그림 2-84).

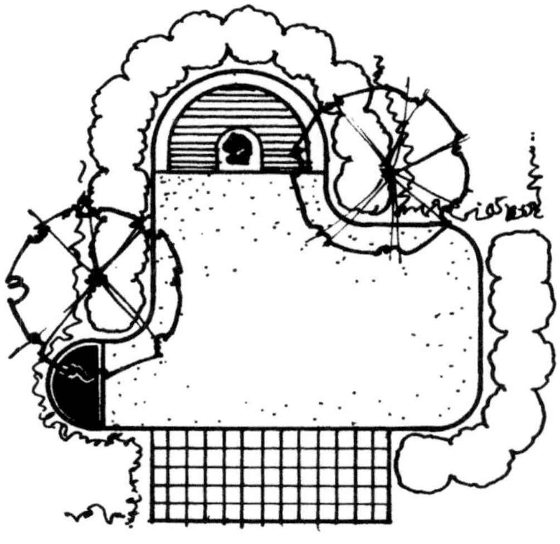

그림 2-84

원래 박스 모양의 형태가 너무 경직되어 있다고 생각되면 재료를 상세화하기 전에 또 하나의 단계가 필요하게 될지도 모른다.

위에 예를 든 똑같은 원들이 여러 방향으로 힘을 받게 될지도 모른다. 벨트가 휠 주위에 지나가는 것처럼 디자인 형태가 나타나도록 접선을 가지고 다시 연결하라(그림 2-85, 2-86).

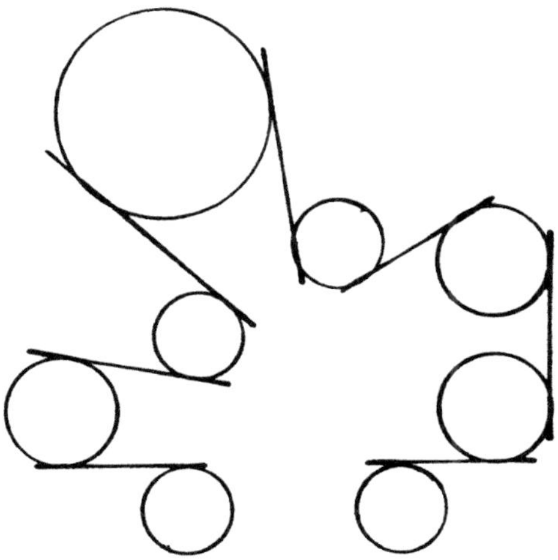

그림 2-85

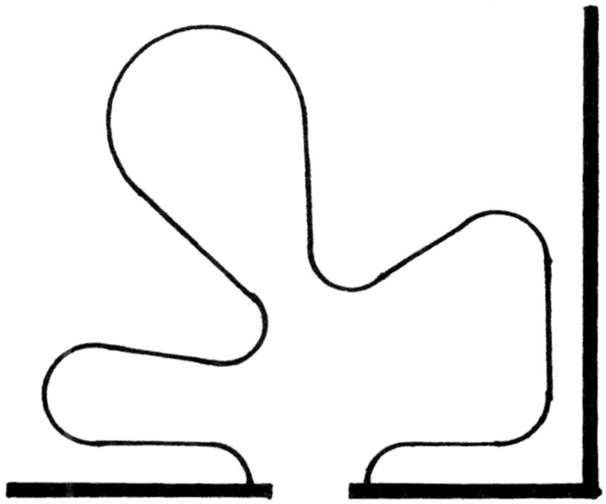

그림 2-86

호와 접선 주제의 다음의 예(그림 2-87~2-91)는 정형성과 간결성의 암시를 가지고 있는 이완된 흘러가는 형태를 보여준다.

그림 2-87

그림 2-88

그림 2-89

그림 2-90

그림 2-91

그림 2-92의 호와 접선 중정(patio) 계획은 그림 2-93과 2-94와 같이 눈높이 레벨에서의 경관을 보여주고 있다.

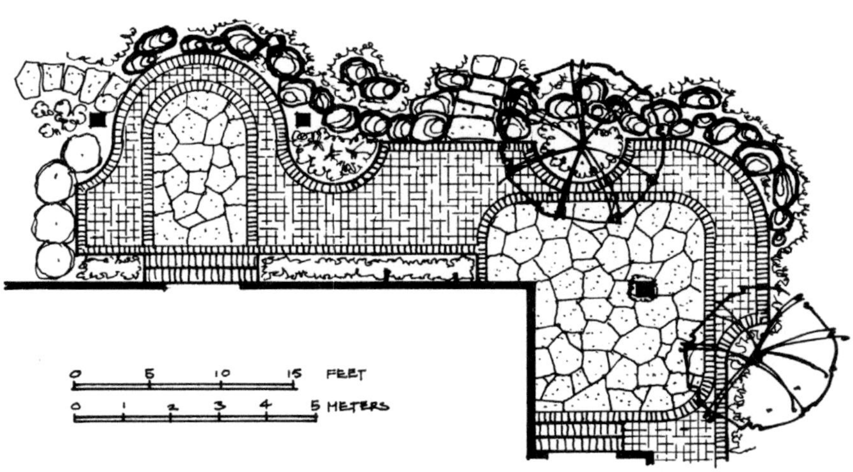

그림 2-92 호와 접선 파티오 계획

그림 2-93 호와 접선 파티오의 오른쪽 경관

그림 2-94 호와 접선 파티오의 왼쪽에서 오른쪽으로 본 경관

| 원의 분할 |

여기서는 원이 반원이나 4분원, 파이 모양으로 분할되고 수평축과 수직축을 따라서 재조직된다(그림 2-95).

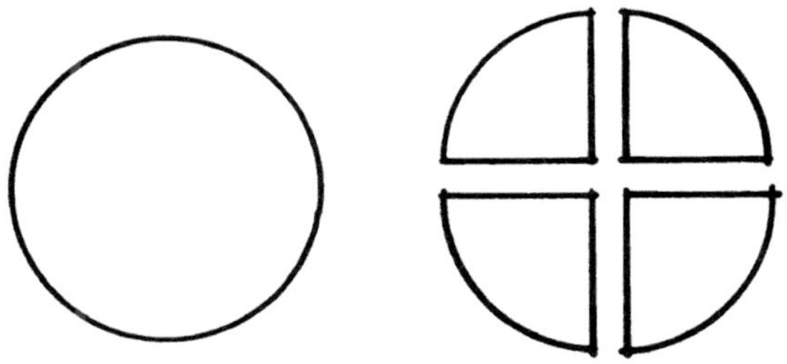

그림 2-95

원의 기본적인 형태로부터 출발하라. 분할해서 나누어라. 그것들을 분리시켜라(부록 그림 A-6 참고).

이제는 이것들을 다시 그대로 그리거나 확대하거나 축소시켜라(그림 2-96).

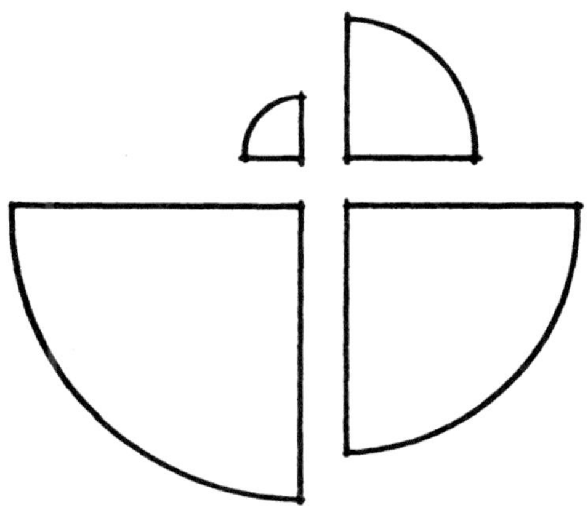

그림 2-96

개념 계획(그림 2-97) 속에 조각의 수, 크기와 위치를 나타내도록 하라.

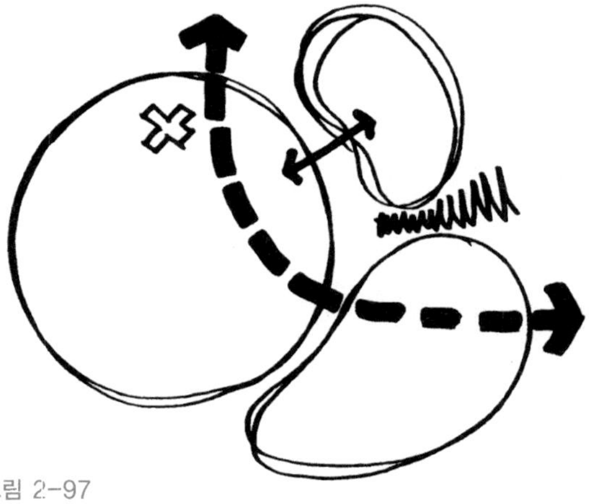

그림 2-97

조각들의 모서리를 일치시키거나 평행하는 모서리를 띄움으로써 조각을 미끄러지게 하면서 조각들을 재조합하라(그림 2-98).

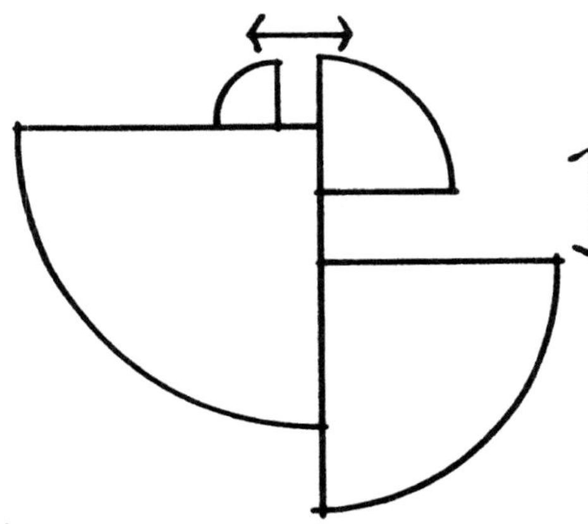

그림 2-98

윤곽선을 그리거나 불필요한 선을 제거함으로써 구성을 단순화하라. 공간이 기능할 수 있도록 연결하거나 열어 놓아라(그림 2-99).

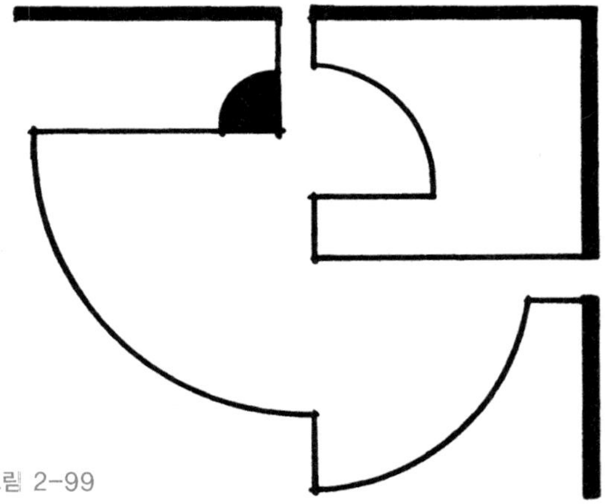

그림 2-99

적절한 재료와 레벨 변화를 통해서 공간을 정교하게 하고 아름답게 장식하라(그림 2-100).

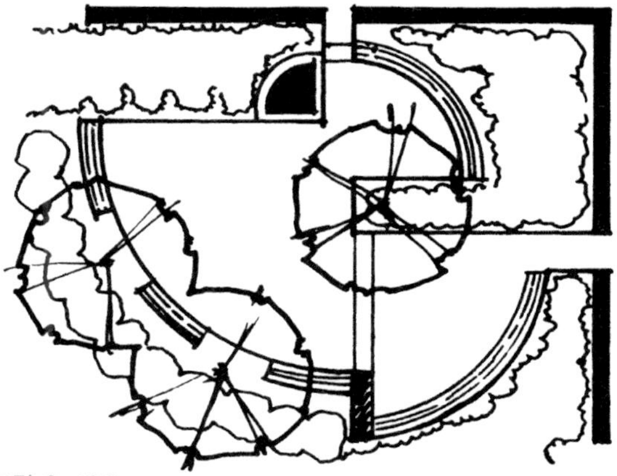

그림 2-100

다음의 예에서 원의 분할 주제를 찾아보아라(그림 2-101~2-104).

그림 2-101 정원 계획

그림 2-102 도시광장, 샌 디에고, 캘리포니아

그림 2-103 분천, 델 마르, 캘리포니아

그림 2-104 로마 광장, 코님브리가, 포르투갈

| 타원 |

원 위의 원 부분에서 언급된 형태 변화의 원칙이 타원이나 달걀 모양의 형태에 있어서도 사용될 수 있다. 타원은 단독으로 사용되거나 타원 위의 타원이나 원과 쉽게 혼합되어 사용될 수도 있다(그림 2-105, 2-106).

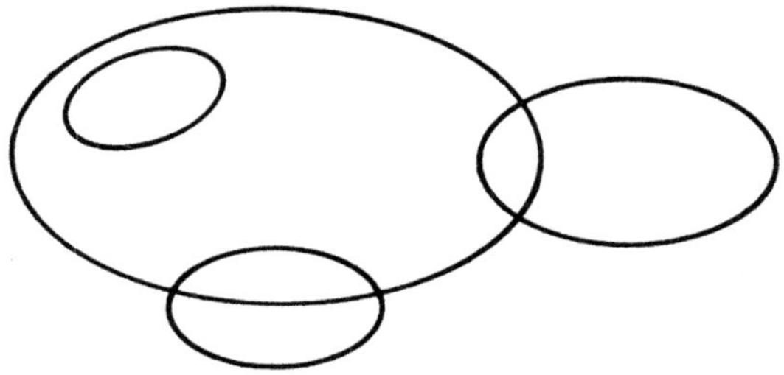

그림 2-105

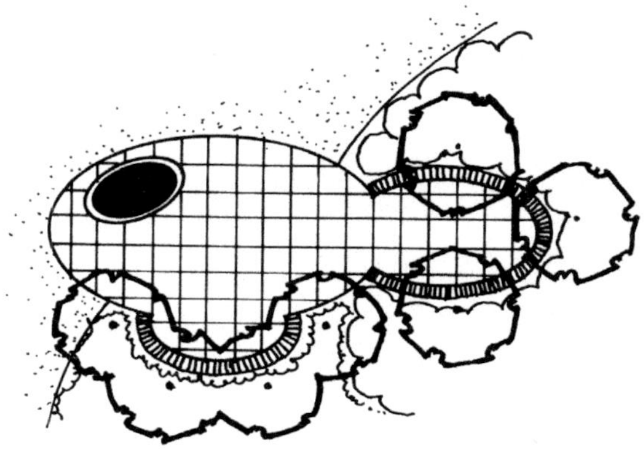

그림 2-106

수학적 용어인 타원은 원뿔(그림 2-107)이나 원주를 자를 때 생기는 평면으로부터 얻어진다. 자른 부분은 주된 수직축이나 수평축과 평행하지 않고 각을 가지고 있다.

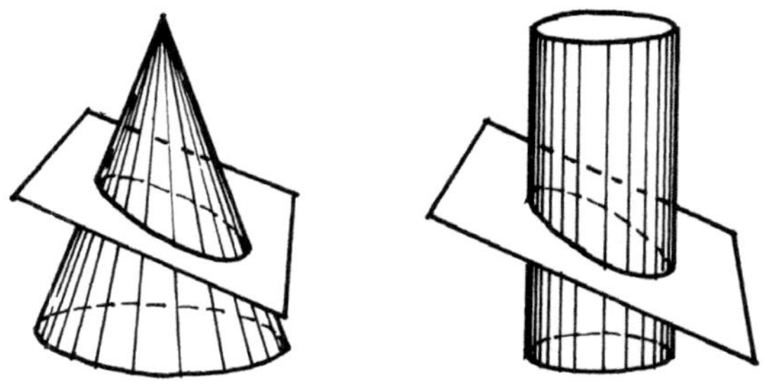

그림 2-107

타원을 편평한(flattened) 원으로서 시각적으로 생각하라. 기하학적으로 정확한 타원을 그리는 가장 쉬운 방법은 타원 템플레이트를 사용하는 것이다. 그러나 템플레이트에 정확한 크기가 없거나 창조하기 원하는 공간에 비해서 너무 편평하거나 너무 둥근 타원일지도 모른다. 주로 사용되는 타원을 구성하는 요령은 부록 그림 A-12에 나와 있다.

다음의 예(그림 2-108~2-111)에서 보이는 것처럼 타원은 원이 주는 딱딱한 기하학적 질서의 정형성보다는 더 동적인 느낌을 준다.

그림 2-108

그림 2-109

그림 2-110

그림 2-111

| 나선형 |

로그 형태의 나선형은 기하학적으로 황금 비례 직사각형으로부터 얻을 수 있다(부록 그림 A-14 참고).

황금비의 직사각형을 짧은 변을 가진 정사각형으로 축소하라. 이것은 다시 이전의 짧은 변이 긴 변이 되는 또 하나의 황금 비례 직사각형을 만든다. 이러한 축소 과정을 계속하면서 각 정사각형 내의 호를 연결하여 다음 그림 2-112에서 보는 바와 같은 나선형을 만든다(크리치로우, 1970).

수학적인 나선형이 흥미 있는 간결성을 가졌다 할지라도 나선형의 프리핸드 표현이나 자유로운 나선형이 경관 디자인에 더 적용성이 높을 것이다. 자유로운 나선형에 대한 더 깊은 논의는 제3장에 소개된다.

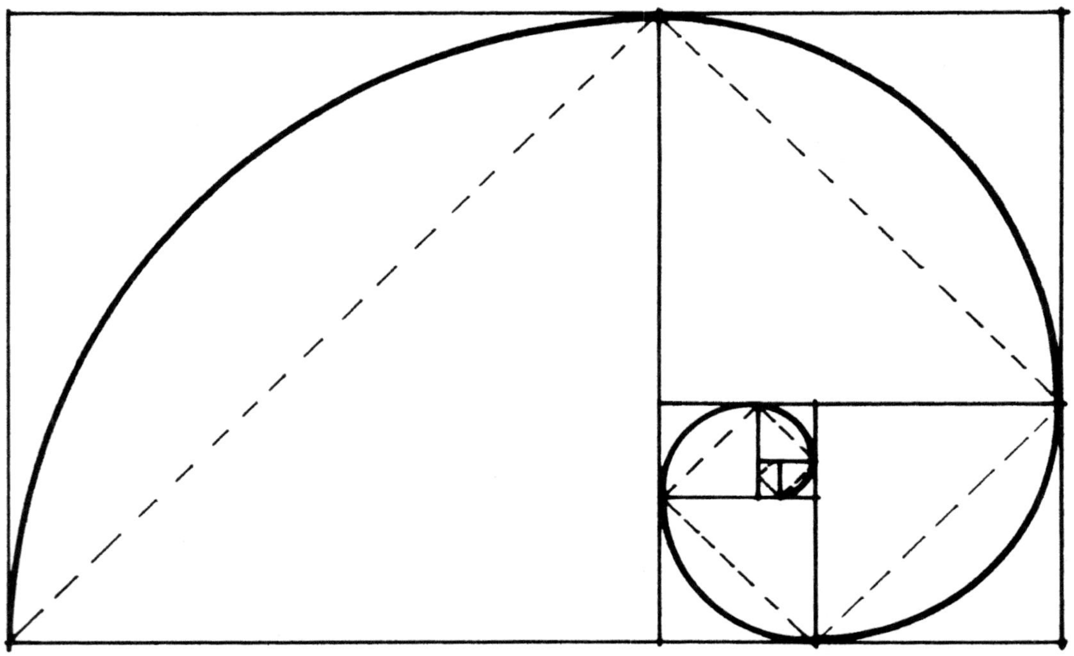

그림 2-112

사이트 디자인에 기하학적 형태의 적용을 요약하기 위하여 커뮤니티 광장(그림 2-113)과 똑같은 개념 계획을 여러 가지 주제로 발전시켜 보았다. 각각은 조그만 해자가 있는 가라앉은 무대와 앉을 수 있는 주 광장, 다리와 필수적인 접근로를 가지고 있다.

이러한 예(그림 2-114~2-120)는 조직 패턴을 유도하는 주제로서 보다 정형적인 기하학적 주제를 디자인에 결합함으로써 가능해지는 공간 느낌의 다른 측면들을 보여준다.

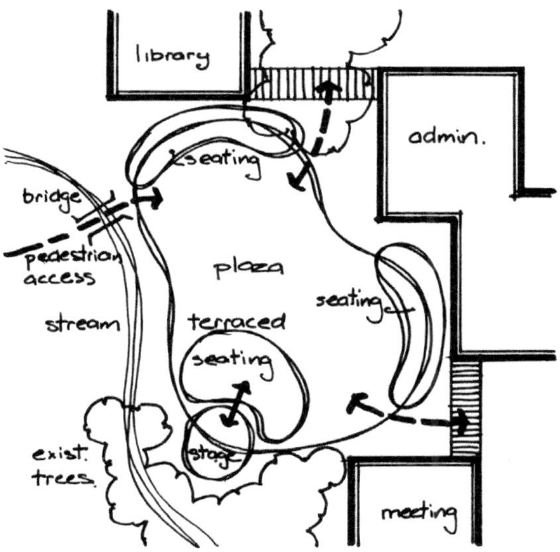

그림 2-113 개념 계획

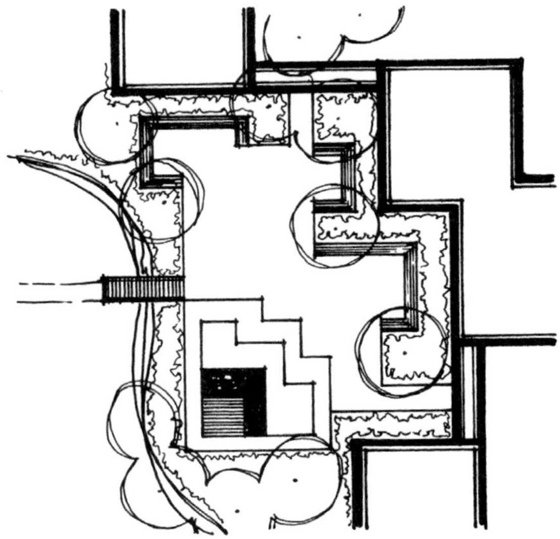

그림 2-114 90°/직각 주제

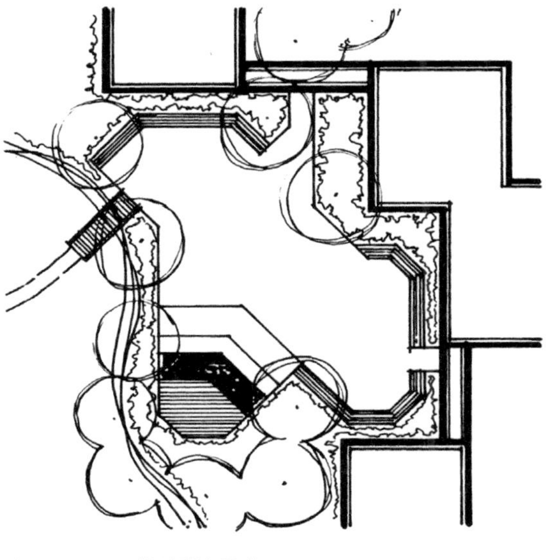

그림 2-115 135°/8변형 주제

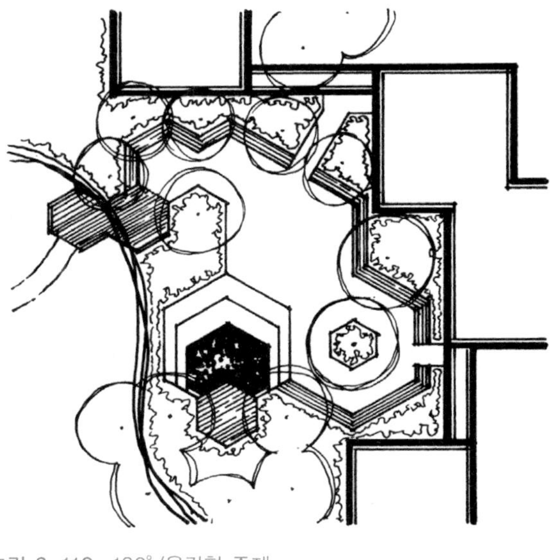

그림 2-116 120°/육각형 주제

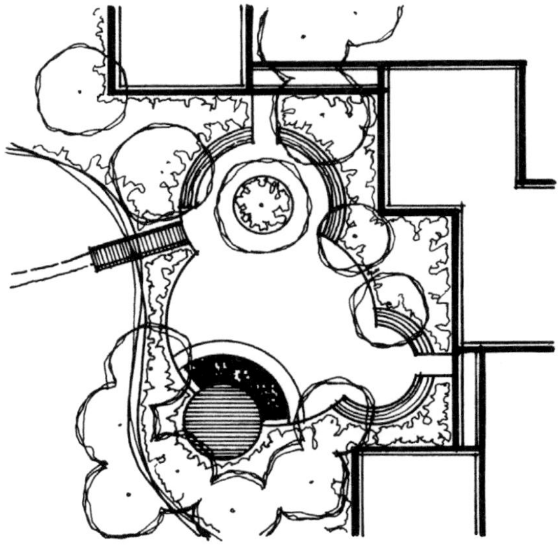

그림 2-117 원 위의 원 주제

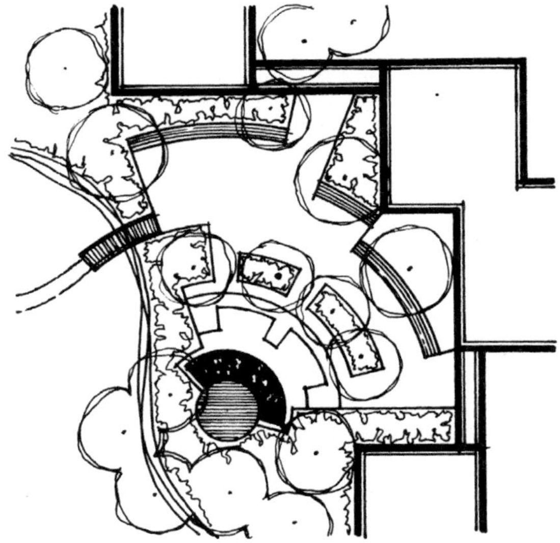

그림 2-118 원과 반지름 주제

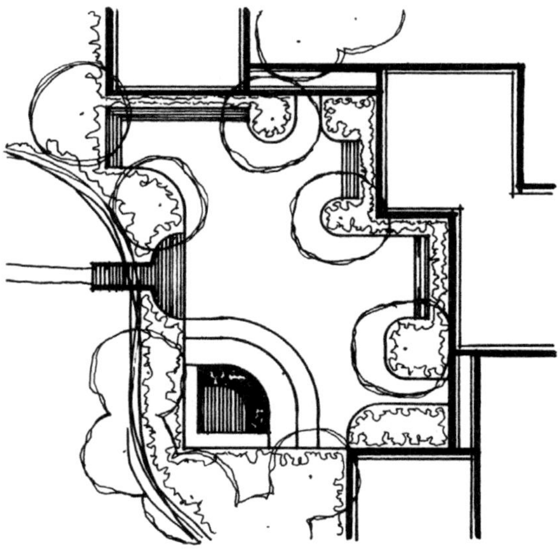

그림 2-119 호와 접선 주제

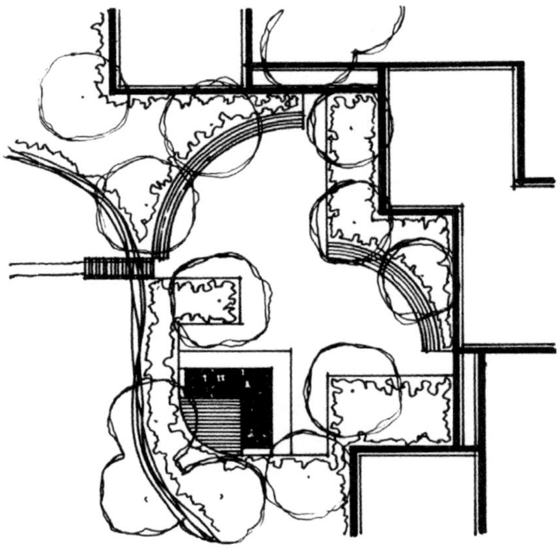

그림 2-120 원의 분할 주제

Chapter 03

자연적인 형태 개발

프로젝트 연구 진행 과정에서의 정보와 인상이 대상지와 이용자에게 결집되고 있을 때 자연적인 감각은 디자인을 발전시키는 데 반드시 고려되어야 한다. 많은 이유로 순수한 기하학적인 형태의 엄격하게 통제된 모습이 보다 느슨하고 유기적인 형태보다 적합하지 않다고 설계자가 결정을 내릴 수도 있고, 아니면 그 대상지 자체가 이러한 것을 제시해 줄지도 모른다. 본래 사람들에 의해서 덜 혼란스럽게 여겨지거나 자연적인 흥미 요소를 포함하고 있는 경관은 자연의 재료와 형태를 재통합하는 데 더 잘 적응할지도 모른다.

한편, 자연적인 접근에 대한 경향은 대상지의 현황과는 무관한 이용자의 욕구, 욕망과 열망에 뿌리를 두고 있다. 실제로 대상지는 거친 인공 요소로 구성된 딱딱한 도시 환경일 수도 있다. 또한 의뢰인이 더 느슨하고 더 부드럽고 더 자유롭고 더 자연적인 뭔가 새로운 것을 바랄지도 모른다. 마찬가지로 상점들은 환경 인지의 이미지를 나타내 주기를 원할지도 모른다. 그들은 그들이 생산한 상품들이 생태적인 인지를 증진시키거나 그들의 서비스가 자연 자원의 보전에 기여한다고 대중들이 생각해 주기를 바랄지도 모른다. 결과적으로 설계자의 프로그램과 개념적 기저는 궁극적으로 자연을 디자인에 연결시켜서 변환시키게 된다.

| 디자인 접근 방법 |

인공 환경과 자연적인 환경 사이의 관계성 정도는 설계자의 접근과 잠재해 있는 대상지의 현황에 달려 있다. 이러한 자연에의 연결은 세 가지 차원에서 고려될 수 있다.

그 첫 번째 레벨은 생태적 설계이다. 자연의 기본적 과정에 대한 인식뿐만 아니라 설계의 결과가 인간의 행동이 대상지의 생태에 최소한의 영향을 줄 수 있게 하거나 재생 가능한 영향을 줄 수 있도록 하는 것이 요구된다. 예를 들면 습지가 붕괴된 부지로부터 재창조될 때 혹은 건물들이 모두 있는 그대로의 자연 과정에 맞게 대상지에 눈에 거슬리지 않게 지어질 때 이러한 결과에 의한 형태는 자연과의 진정한 조화를 나타내게 된다.

두 번째 차원은 자연적인 과정의 완벽한 체계를 갖추는 것이 어려울 때 자연적인 장치물의 느낌을 창조해 주는 것이다. 펌프나 재순환시킨 물, 식물을 건강하게 키우기 위한 관개 시스템, 침식을 조절하기 위한 파이프와 배수 시설 같은 인공적인 통제 요소들이 대부분의 도시 환경에서 자연을 대치시키고 있다. 아직도 자연의 질서를 반영한 패턴에 의해서 정돈된 식물, 물, 바위 같은 자연적인 재료의 사용이 강조되고 있다.

세 번째 차원은 자연관의 연결이 더 희박한 경우이다. 콘크리트, 유리, 벽돌, 목재처럼 주로 인간에 의해서 지배적으로 사용되어 온 재료로 구성된, 자연적인 과정과는 거의 유사성이 없이 설계된 공간에서는 이러한 이미지가 연상된다. 모습과 형태는 이러한 인공적인 틀 내에서 자연적인 질서를 암시해 주어야 한다.

설계에 사용되는 형태 아이디어의 풍부한 다양성은 자연 이미지의 범위 내에 국한되어 있다. 이러한 형태는 자연의 모방, 추상화, 유사성으로 나타날 수 있다.

모방은 중대한 변화 없이 자연의 모습을 복제하거나 흉내낸다. 재순환하는 인공적인 물의 흐름은 산의 물 흐름과 비슷하게 나타날 수 있다(그림 3-1).

그림 3-1

다른 한편으로 추상은 영감에 의하거나 특수한 상황에 맞게 디자이너에 의해서 적응되고 해석된 자연의 형태이다. 그 최종적인 형태는 원래의 대상물과는 거의 닮지 않을지도 모른다. 경관에 있어서 부드럽게 흐르는 선은 자연스럽게 느껴지지만 사행천(meandering river)으로부터 얻어진 것으로 인식되지 않을지도 모른다(그림 3-2).

그림 3-2

유사성은 본래의 자연적인 과정에 적응한 형태지만 어떤 시각적인 유사성을 가지는 데 구애될 필요는 없다. 포장면을 가로질러서 흐르는 물을 유도하는 배수로는 물의 흐름과 유사하나 매우 다르게 보인다(그림 3-3).

그림 3-3

다음에서 자연의 모방과 추상화의 예들을 더 자세하게 다루게 된다.

| 구불구불한 형태 |

네모가 대부분의 건물 환경을 조직하는 주체인 반면, 많은 자연의 범주에서 발견되듯 경관 단지 설계에 사용된 대부분의 자연적인 형태는 구불구불한 형태이다(그림 3-4).

그림 3-4

하상의 뒤 또는 앞으로 흘러가는 부드러운 선(그림 3-5)은 직선이 없이 한 커브에서 다른 커브로 부드러운 변환에 의해서 만들어지는 구불구불한 형태의 진수를 보여준다.

그림 3-5

기능적인 면에서 보면 이러한 구불구불한 형태는 차량과 보행의 부드러운 흐름에 적응하기 위하여 설계된 도로나 보행로와 같이 경관 요소를 위한 형태로서 선택된다(그림 3-6~3-9).

그림 3-6

그림 3-7

그림 3-8

그림 3-9

공간적인 면에서 구불구불한 형태는 신비감을 주는 데 자주 기여하게 된다. 눈높이에서 보면 구불구불한 형태로 되어 있는 선적 공간은 미묘한 높이 차이와 수직적인 요소 때문에 시야에서 사라졌다가 다시 나타나는 것처럼 보인다.

이 다리 모델(그림 3-10)은 불규칙적이고 구불구불한 형태의 패턴으로 되어 있다. 그것은 최단의 직선 거리 통로의 정상적인 다리 디자인에 모순된다.

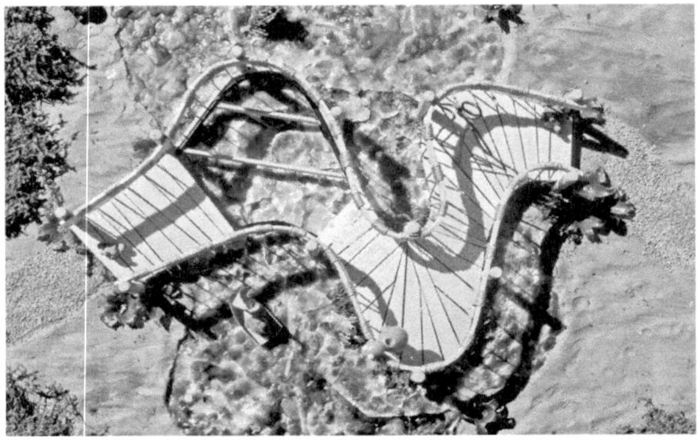

그림 3-10

기능적인 보행로는 아닐지라도 잔 자갈이 깔려 있는 싱가포르의 공항(그림 3-11)에 있는 구불구불한 길은 부드러운 움직임의 느낌을 암시해 주고는 잔디 동산 뒤로 사라져 버린다.

그림 3-11

상당히 규칙적인 파동은 썰물의 패턴과 같이 구불구불한 형태를 표현해 줄 수 있다(그림 3-12).

그림 3-12

비슷하지만 더 정확한 규칙성은 그림 3-13과 3-14에서 보는 것처럼 이러한 파도 같은 보행로에서 나타난다.

그림 3-13

그림 3-14

구불구불한 형태의 변이는 나무줄기의 갈라진 선에 존재한다(그림 3-15, 3-16). 다음의 포장도와 잔디의 가장자리의 예(그림 3-17~3-19)는 설계자가 구불구불한 형태에 다양성을 더함으로써 흘러가고 있는 형태에 흥미 있는 리듬을 어떻게 창조할 수 있는가를 보여준다.

그림 3-15 자연적인 갈라짐

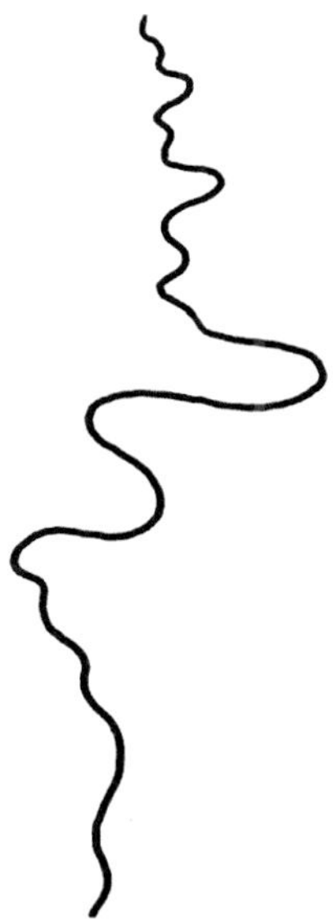

그림 3-16 근간이 되는 형태

그림 3-17 디자인에서의 모방

그림 3-18

그림 3-19

지표면에서 돌출된 수평면의 구불구불한 형태의 강화된 영향을 주의하여 보라. 이러한 사례들은 생울타리(hedge)와 앉을 자리가 구불구불한 형태인 것을 보여준다(그림 3-20~3-22).

그림 3-20

그림 3-21

그림 3-22

이제 수직면의 형태로서 구불구불한 형태를 생각해 보자. 옆에서 옆으로 흘러가는 대신, 위에서 아래로 흘러가게 된다. 벽의 끝이나 윗부분의 기복과 지면 요소의 마운딩은 수직적인 구불구불함을 표현해 줄 수 있다(그림 3-23과 3-24).

그림 3-23

그림 3-24

건설된 형태에서 추상화되고 해석된 것으로서 자연 패턴에서 파생된 형태의 발전은 그림 3-25~3-28의 그림들에서 볼 수 있다.

그림 3-25 자연적인 나무껍질 패턴

그림 3-26 근간이 되는 형태

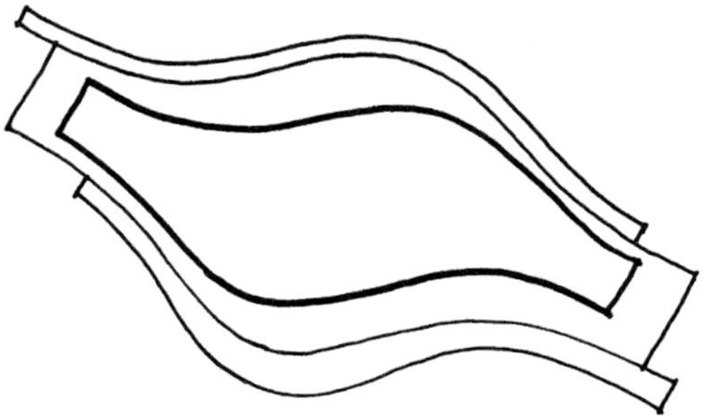

그림 3-27 디자이너의 추상

그림 3-28 인조환경에서의 표현

솟아오르는 공기방울 주위에 얼음이 얼어 부드러운 선의 흥미로운 집합이 만들어진다. 선적인 형태와 유사한 흐르는 특성을 가짐으로써 선들은 폐쇄된 구불구불한 형태를 주변에 만들게 된다(그림 3-29, 3-30).

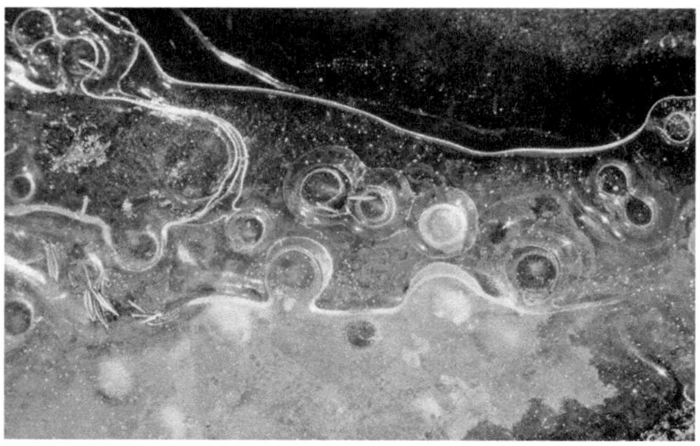

그림 3-29

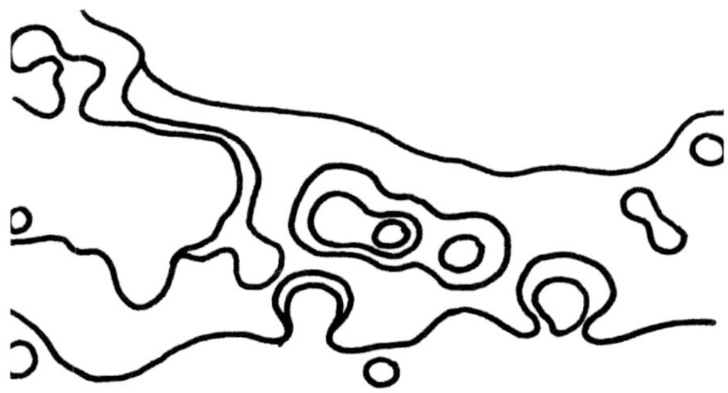

그림 3-30

폐쇄된 구불구불한 형태가 경관 재료로 표현될 때 조심스러운 잔디 지역이나 물가, 식재된 흐름의 가장자리를 형성할 수 있다(그림 3-31~3-33). 일반적으로 이러한 모습들은 공간에 느슨한 비정형적인 분위기를 가져온다.

그림 3-31

그림 3-32

그림 3-33

이러한 지역 사회의 무미건조한 설계는 어떻게 개념 계획이 보행로, 벽, 메마른 개울과 식목 지역을 창조하기 위하여 구불구불한 가장자리의 설치를 유도하는가를 잘 보여주고 있다(그림 3-34~3-37). 형태가 3차원적인 공간을 한정하는 데 얼마나 중요한 것인지를 주의하여 보라.

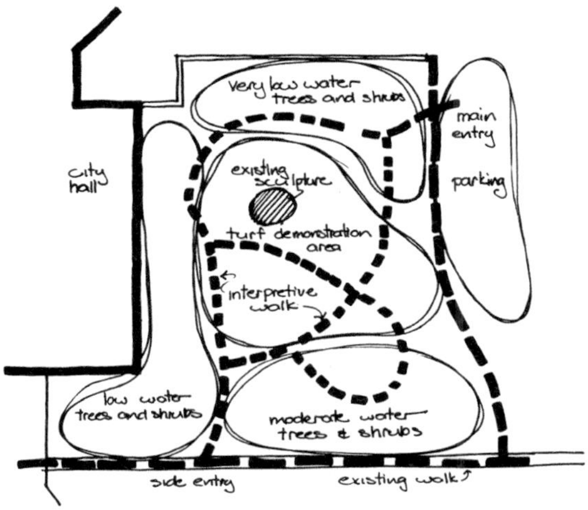

그림 3-34 개념 계획

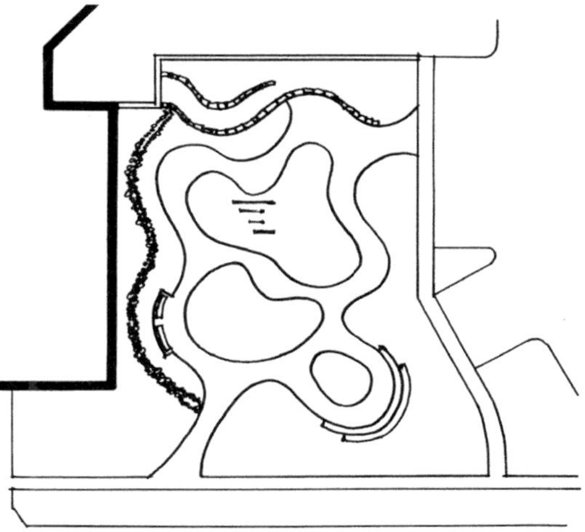

그림 3-35 정원 형태

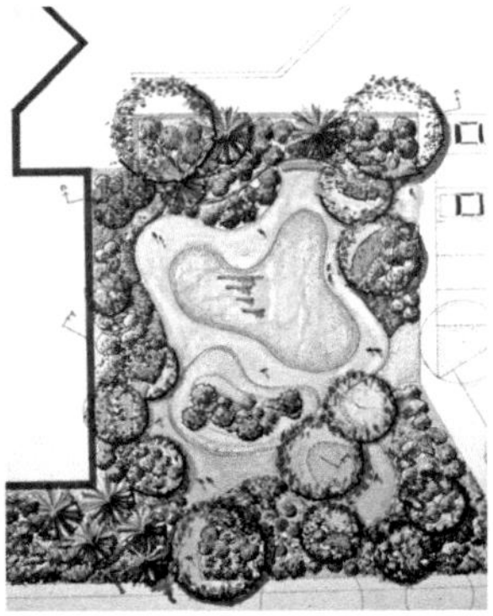

그림 3-36 최종 계획

그림 3-37 완성된 경관

구불구불한 형태나 자유로운 형태의 디자인을 발전시키는 데 있어서는 선을 프리 핸드로 되도록 빨리 그리는 것이 좋다. 손가락을 고정시키고 어깨와 팔꿈치를 사용하라. 직선과 불규칙한 부분이나 동요가 없도록 힘차고 부드럽고 흘러가는 기복이 되도록 힘써라.

그림 3-38의 위 그림은 불분명한 동요를 보임으로써 나약한 구불구불한 선을 보여준다.

그림 3-38의 아래 그림은 이것은 부드러운 명확한 커브와 흐르는 리듬이 있는 힘찬 구불구불한 선을 보여준다.

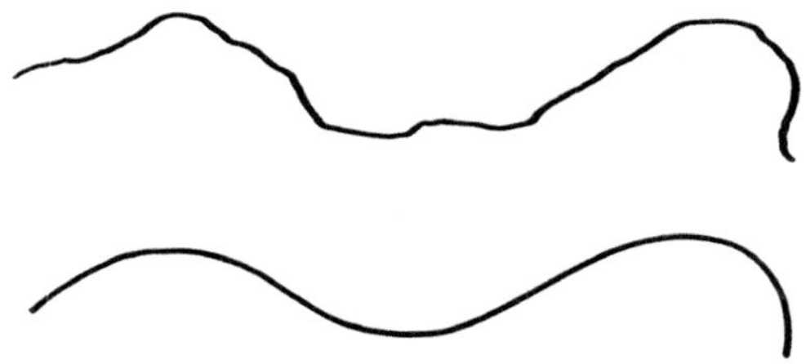

그림 3-38

| 자유로운 타원형과 부채꼴 |

기하학적 형태의 타원에서 순수한 수학적 정확성의 제약을 없애면 더 자연스럽고 자유로운 타원형이 된다. 프리 핸드로 편평한 원이나 달걀 모양을 그림으로써 쉽게 형태를 만들 수 있다. 이러한 물방울 형태의 모습을 여러 번 회전함으로써 상당히 빠르게 잘 그릴 수 있다(그림 3-39, 3-40).

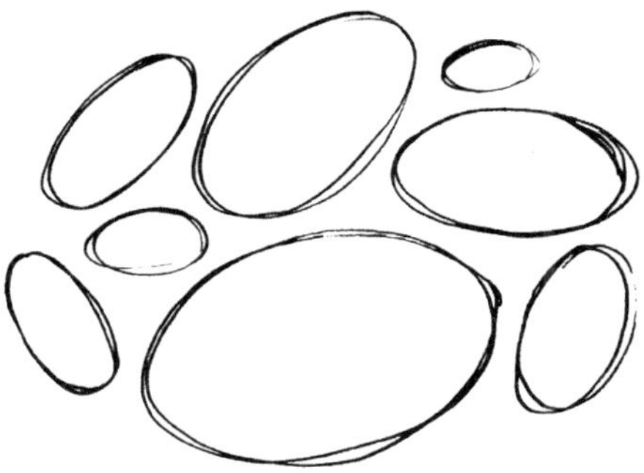

그림 3-39

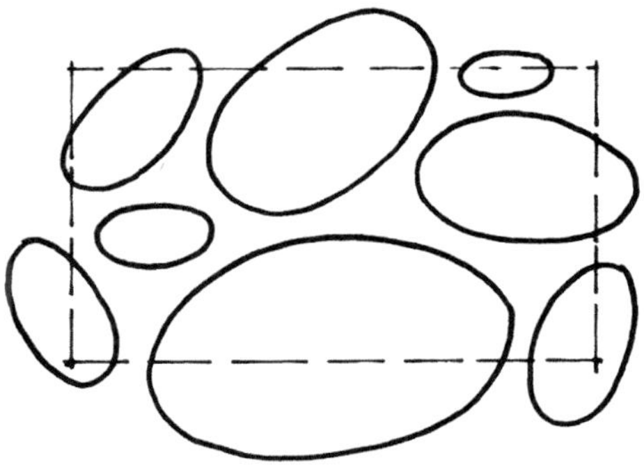

그림 3-40

자유롭게 떠다니는 타원형은 보행로의 디자인에 잘 적응된다. 공간과 크기는 순환 패턴에 적합하게 적응될 수 있다(그림 3-41, 3-42).

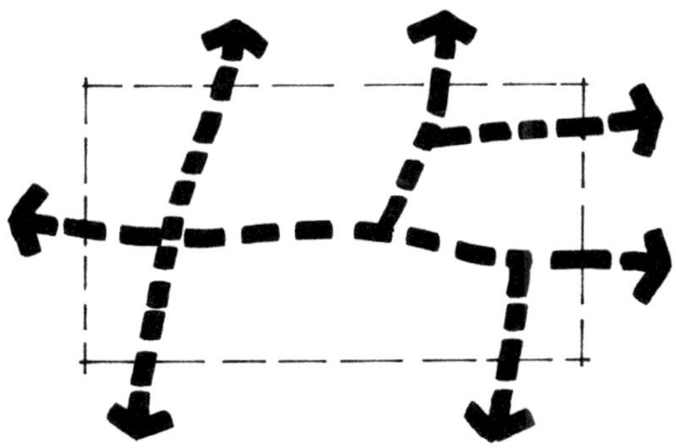

그림 3-41

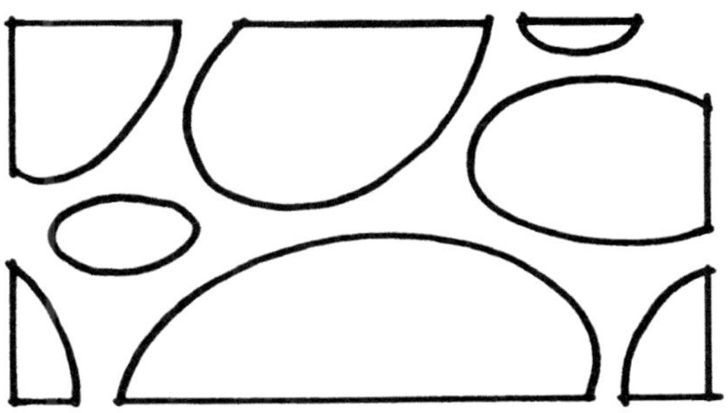

그림 3-42

접촉하는 타원에 의해서 만들어지는 윤곽선은 동적으로 보이는 스파이크 형태를 만든다(그림 3-43).

그림 3-43

타원의 바깥 부분을 따라서 그리면 부풀어 오르는 모습을 가져오게 된다(그림 3-44).

그림 3-44

안쪽 부분을 따라서 그리면 예리한 모양이 된다(그림 3-45).

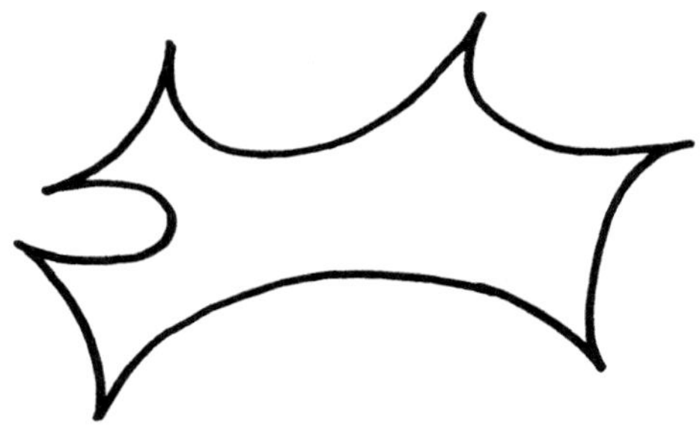

그림 3-45

참나무 잎(그림 3-46, 3-47)의 실루엣에 있는 특징은 이 장의 마지막 부분에서 보는 바와 같이 경관 재료에 적용될 수 있다.

그림 3-46

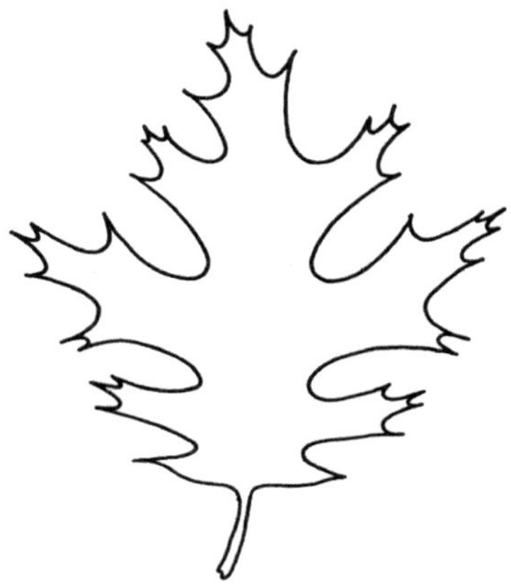

그림 3-47

물방울의 배치와 크기를 다양화하는 것은 개념 계획의 공간적이거나 기능적인 요구를 충족시키는 데 필요하게 된다. 형태를 오버랩시킬 때는 윤곽선의 형태를 정교하게 하기 전에 교차하는 선은 거의 90°에 가깝게 교차하도록 해야 한다(그림 3-48).

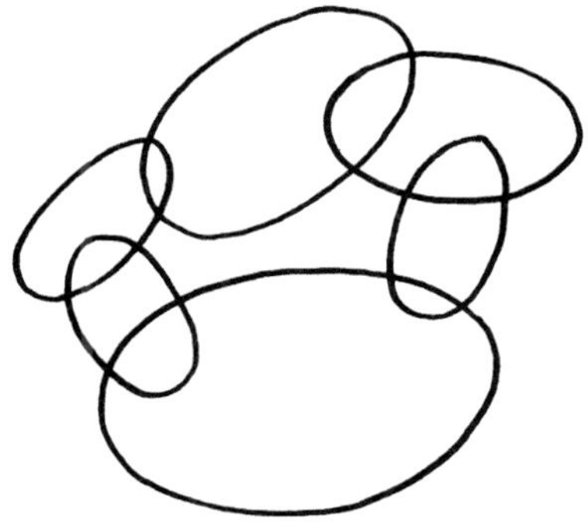

그림 3-48

외부와 내부에 연결된 타원의 다른 특성에 주의하라(그림 3-49).

그림 3-49

연결된 타원과 교차하는 방향의 변화를 준다면 역부채꼴 모양이 연속된 결과를 가져온다(그림 3-50, 3-51). 부분적인 타원은 반복되거나 앞뒤로 움직이면서 부지 설계에 흥미 있는 가능성을 가져오게 된다.

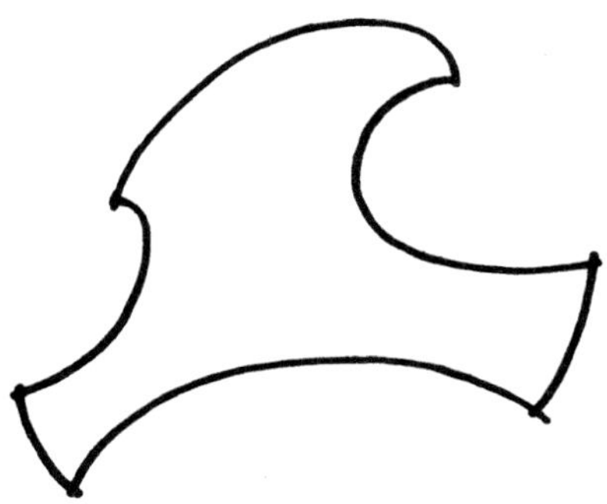

그림 3-50

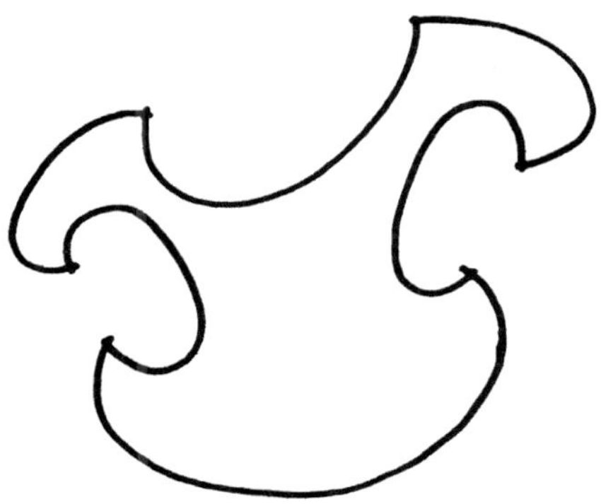

그림 3-51

그림 3-52에서 보이는 타원형 형태는 그림 3-53에서 보이는 작은 이끼의 성장 패턴으로부터 얻어진다.

그림 3-52

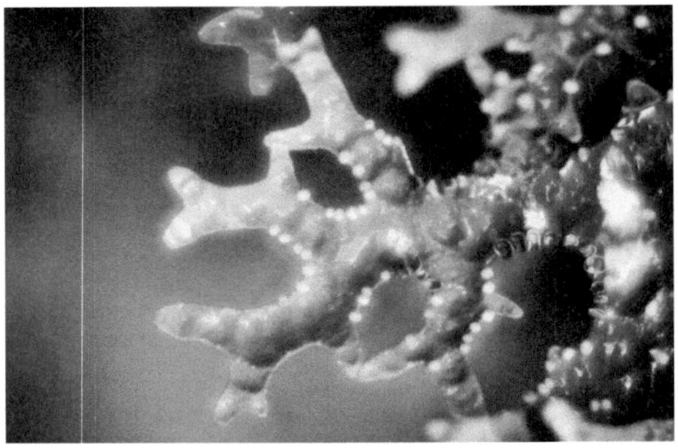

그림 3-53

설계된 공간의 다음 예에서 달걀 모양과 부채꼴 모양을 찾아보아라(그림 3-54~3-57).

그림 3-54

그림 3-55

그림 3-56

그림 3-57

| 자유로운 나선형 |

나선형의 두 가지 중요한 형태는 자유로운 형태를 발전시키는 데 중요하다. 그 하나는 3차원적인 나선형이나 나선형의 계단(그림 3-58)에 의해서 유형화된 것으로서 이러한 나선 형태는 중심 축에서 똑같은 거리를 유지하면서 중심 축 주위를 이동한다.

그림 3-58

다른 하나는 앵무조개(그림 3-59) 속에서 발견되는 것과 같은 2차원적인 나선형으로서 나선이 중심 주위를 반복하면서 중심으로부터 조금씩 멀어진다.

그림 3-59

이러한 나선형의 두 가지 형태는 몇 개의 자연 유기체 조직에서 조합된다(그림 3-60).

이 개념을 단순화하기 위하여 단지 2차원적인 나선형만을 탐구하게 될 것이다.

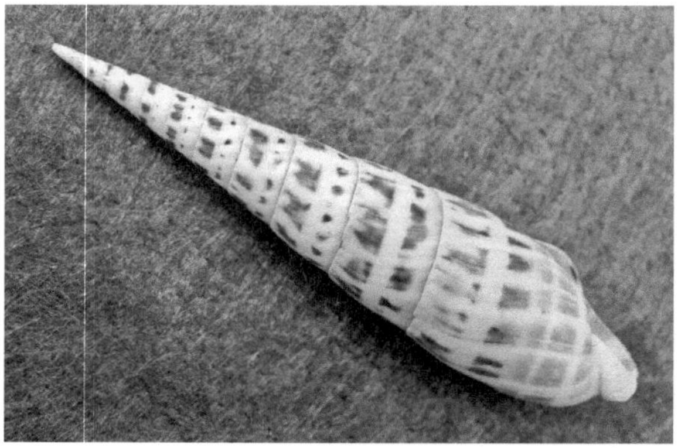

그림 3-60

뉴질랜드의 원주민인 마오리족에 의해서 사용된 기초 디자인은 코루(koru)라고 불린다. 나선형의 줄기는 양치식물의 열린 잎을 닮은 공 모양에서 끝난다(그림 3-61, 3-62). 이것은 앞에 기술한 로그 나선형의 변이에 패턴을 둔 몇 가지 자연 유기 조직체 형태의 하나이다.

그림 3-61

그림 3-62

코루를 여러 가지 방법으로 조합함으로써 마오리 화가와 조각가는 흥미 있는 디자인의 다양성을 창출해낸다(필립스, 1960). 이러한 조합은 차례로 물결, 꽃, 잎과 같은 다른 자연적인 대상물의 이미지를 불러일으킨다(그림 3-63).

그림 3-63

역 나선형은 다른 가능성을 제시해 준다. 나선형의 어떤 한 점에서 두 번째 나선형은 반대 방향에서 시작할 수 있다. 90°에 가까운 각에서 변화가 일어난다면 강력한 연결성을 가져온다(그림 3-64, 3-65).

그림 3-64

그림 3-65

역으로 연결된 나선형은 형태 전개에 자유로움을 더 주기 위하여 조개 모양이나 타원형과 결합된다(그림 3-66).

그림 3-66

느슨하고 부분적인 나선형과 타원형은 이러한 소광장 설계에 있어서 부 공간의 위계 창조를 위하여 연결된다(그림 3-67, 3-68).

그림 3-67

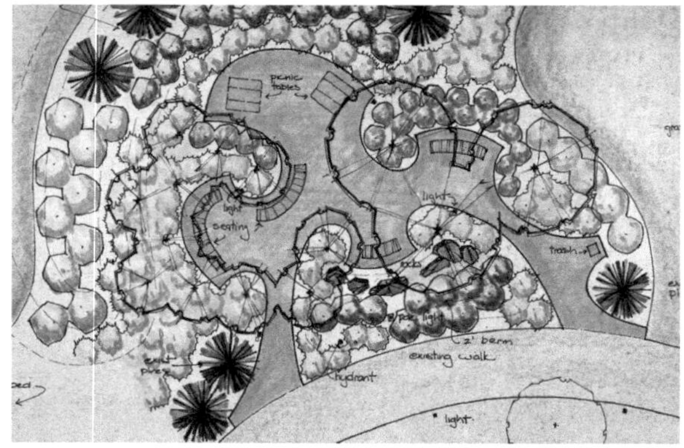

그림 3-68

저자에 의해서 설계된 메마르게 보이는 정원은 돌로 된 벽을 잇기 위하여 자유로운 형태의 나선형을 사용하고 고리 모양의 보행로를 형성하기 위하여 연결된 나선형을 사용한다(그림 3-69).

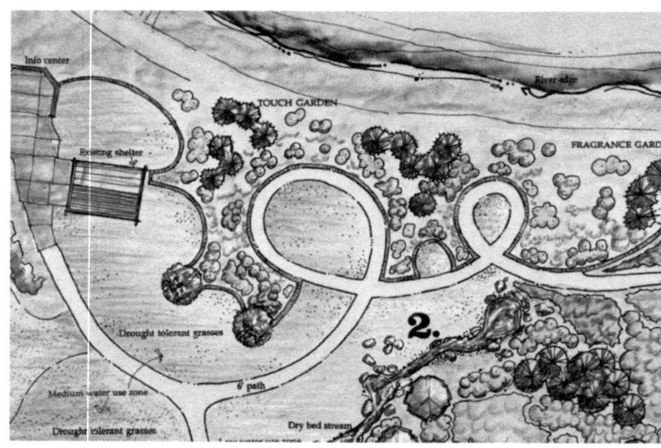

그림 3-69

그림 3-70~3-72의 그림들은 경관 형태를 발전시키는 데 있어서 나선형의 또 다른 적용을 보여준다.

그림 3-70 싱가포르 식물원(botanic garden)

그림 3-71 분천, 슬로베니아

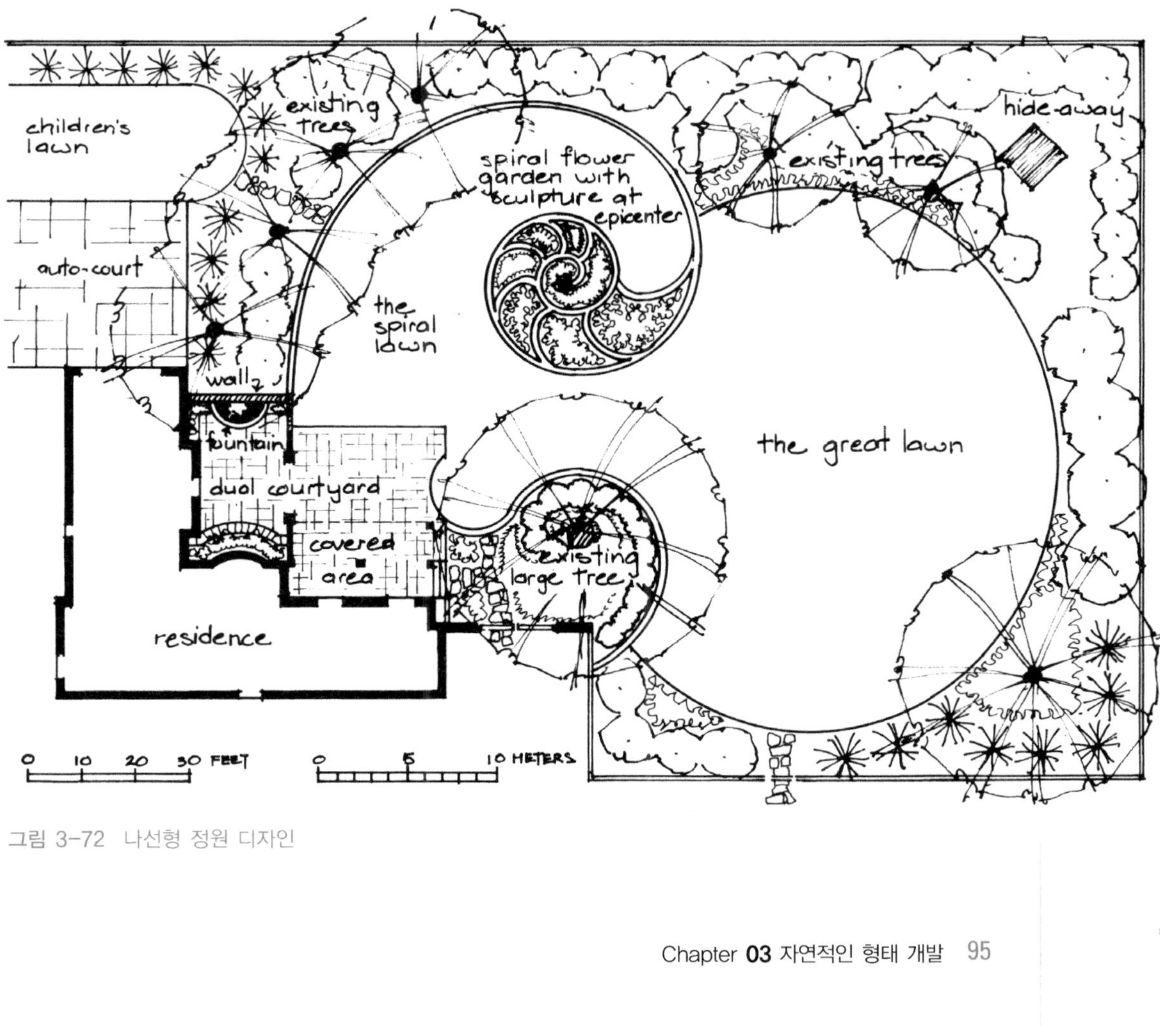

그림 3-72 나선형 정원 디자인

| 불규칙한 다각형 |

자연은 직선으로 된 질서 체계의 다양성을 가지고 있다.

화강암의 갈라진 선(그림 3-73)은 자연적인 불규칙한 선(그림 3-74)의 본질적인 특성을 보여주고 있다. 그 선의 길이와 방향의 변화는 임의적으로 나타난다. 이러한 느슨하고 임의적인 질은 기하하적 각의 패턴과는 다르다.

그림 3-73

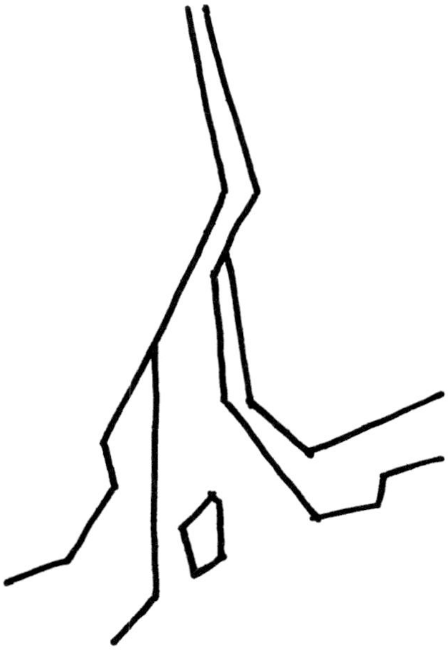

그림 3-74

불규칙적이거나 임의적인 디자인을 적용할 때 많은 길이가 다른 선을 이용하고 아래의 지침 내에서 각을 변화시켜라(그림 3-75).

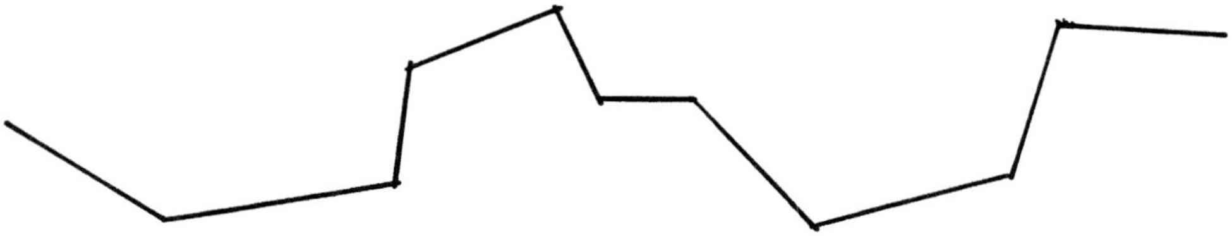

그림 3-75

100° ~170° 사이의 둔각을 사용하라(그림 3-76).

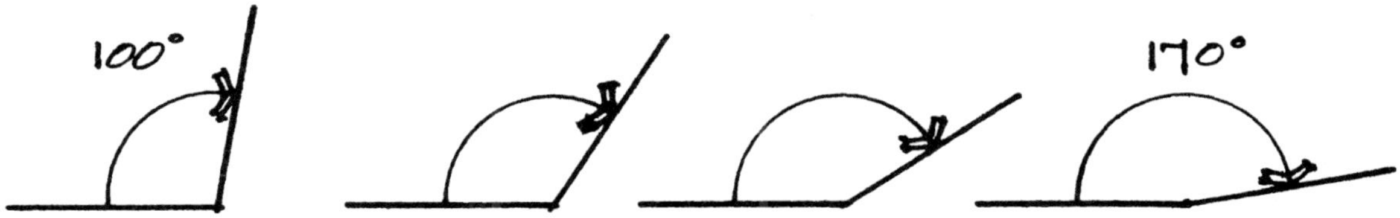

그림 3-76

190° ~260° 사이의 반사각을 사용하라(그림 3-77).

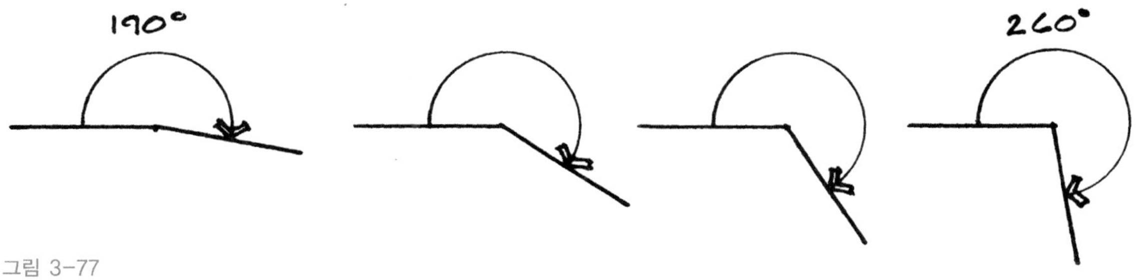

그림 3-77

너무 많은 10° 보다 작은 각과 너무 많은 평행선을 피하라(그림 3-78).

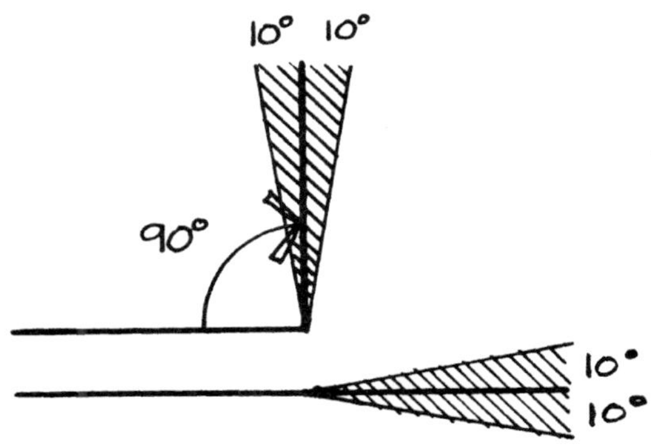

그림 3-78

평행선과 90° 각을 반복적으로 사용(그림 3-79)하면 이미 언급했던 직각 형태나 기하학적인 경직된 형태로 되돌아간다.

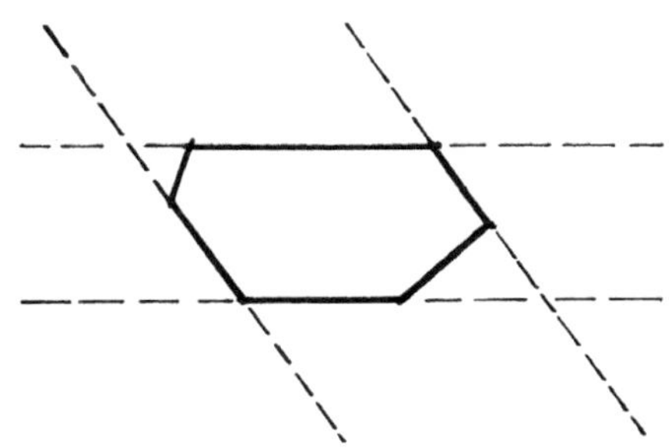

그림 3-79 이것은 피하라.

디자인에 날카로운 각을 만드는 것은 피해야 한다(그림 3-80). 다른 각의 주제에서 본 것처럼 날카로운 각은 건축하기 어려운 구조를 만들게 되고 금이 가는 포장을 가져오며 사용할 수 없는 공간을 형성하여 유지하거나 간수하기에 곤란한 경관을 만들게 된다.

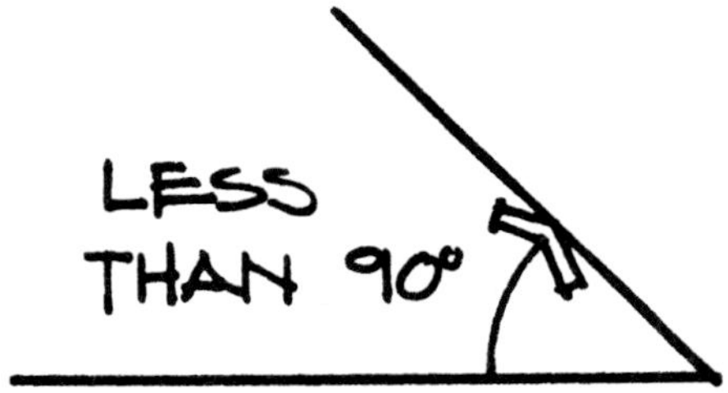

그림 3-80 이것은 피하라.

해변의 모래가 뭉쳐진 돌에서 여기에 보이는 불규칙한 다각형이 나타난다(그림 3-81). 선의 길이와 방향각의 변화와 다각형의 크기에서 나타나는 명백한 임의성을 주의해서 보라(그림 3-82).

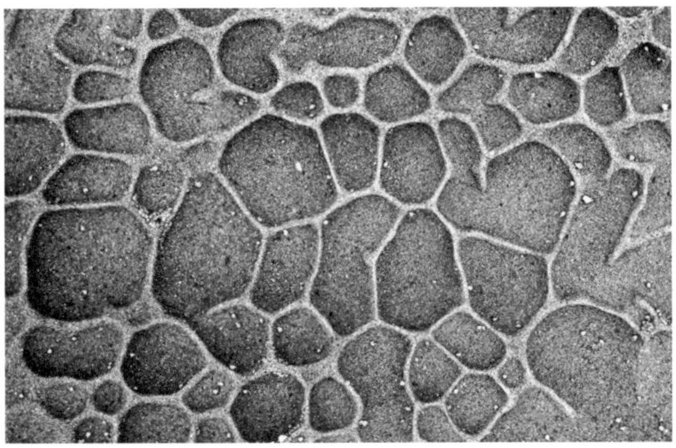
그림 3-81

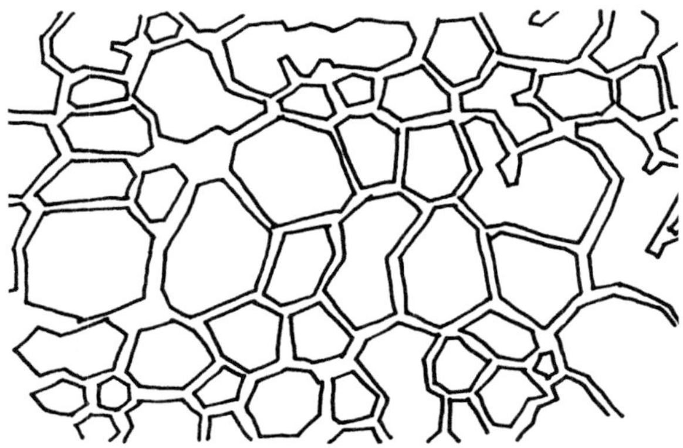
그림 3-82

불규칙한 다각형은 이러한 불규칙적인 풀 설계의 경관 재료를 적용하는 데서 잘 나타난다(그림 3-83~3-86).

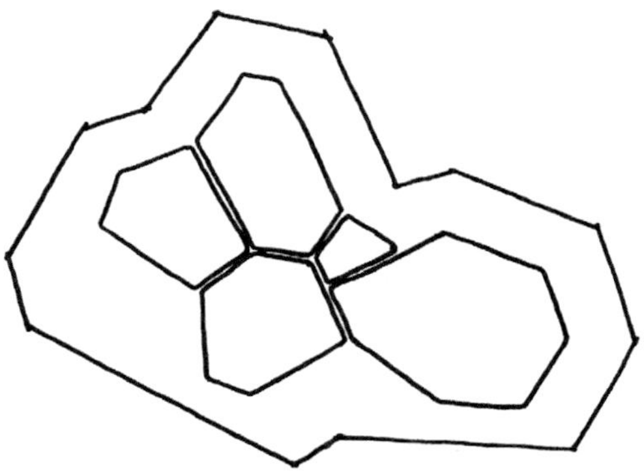
그림 3-83

그림 3-84

그림 3-85

그림 3-86

선적인 측면에서 다각형의 조직은 반정형적인 보행로나 뜀 돌을 형성하게 한다(그림 3-87).

그림 3-87

캘리포니아의 샌프란시스코에 있는 임바카데로 광장의 항공 사진에서 보는 것처럼 불규칙한 각의 사용은 파괴 또는 광장이 설계된 독창적인 개념 주제의 하나인 지진 피해의 느낌을 표현해 준다(그림 3-88).

그림 3-88

캘리포니아의 사우살리토에 있는 조그마한 해변의 광장은 조류의 물결이 연속적으로 불규칙한 다각형의 테라스에 채워지기도 하고 비워지기도 하게 하기 위하여 미묘한 레벨의 변화를 사용하고 있다(그림 3-89).

그림 3--89

콜로라도의 비버 하천에 있는 물줄기 주변의 광장은 물로 내려가는 불규칙한 형태의 데크를 결합시키고 있다(그림 3-90).

그림 3-90

불규칙적인 각과 평면을 사용하여 수직적 차원을 더욱 진지하게 적용한 사례는 텍사스에 있는 도시 워터플라자에서 찾아볼 수 있다. 그곳은 공간적인 경험의 강력한 연출을 자아내고 있다(그림 3-91).

그림 3-91

인공적인 구조에서 날카로운 각과 관련한 질서에 주의를 한다 하더라도 자연은 불규칙한 다각형 내에 날카로운 각을 가지고 있다(그림 3-92, 3-93).

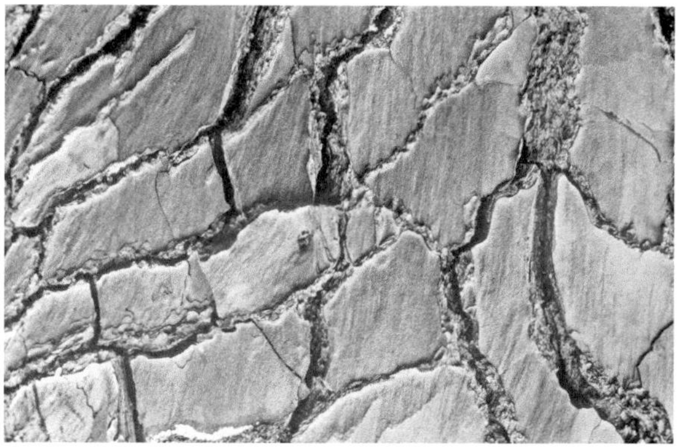

그림 3-92 나무껍질의 판

그림 3-93 말라가는 진흙의 선

이러한 형태는 디자인된 경관 공간에서 비정형적인 지면 패턴에서 나타난다(그림 3-94).

그림 3-94

| 유기체적인 모서리 |

전체적으로 임의적인 표현에서 방향의 변화가 있는 단순한 선은 이전의 형태(구불구불한 형태, 느슨한 타원형, 나선형이나 불규칙한 다각형)에서는 어디서도 적용할 수 없는 형태를 만들어낸다. 이러한 유기적 성질은 자연에서 찾을 수 있다.

바위 위에 자라고 있는 지의 식물은 상당히 구부러져서 예측 불가능한 구부러짐을 보임으로써 잘 한정되나 지나치게 불규칙적인 외부 가장자리를 보이고 있다(그림 3-95, 3-96). 그러한 고도의 복잡성과 상세성을 가진 것은 유기체의 가장자리 특징이다.

그림 3-95

그림 3-96

부드럽고 불규칙적인 패턴은 자연적인 식물계(그림 3-97, 3-98)나 신선한 눈(그림 3-99)에서 자주 나타난다. 형태에 있어서는 다양할지라도 그러한 패턴들은 물의 흐름이나 토양, 미세 기후(microchimates), 산불, 동물의 습관과 같은 막을 수 없는 요소들과 생태적인 변화에 대한 식물의 반응에서 야기되는 시각적인 질서에 대한 감각을 내포하고 있다.

그림 3-97

그림 3-98

그림 3-99

그림 3-100

유기적인 주제는 그림 3-100, 3-101과 같이 부드러운 임의적인 가장자리로서 표현될 수 있다.

그림 3-101

깨진 바위(그림 3-103)에서 나타나는 것처럼 딱딱한 임의의 가장자리(그림 3-102)에서도 볼 수 있다.

그림 3-102

그림 3-103

다음의 경관에 만들어져 있는 이러한 특징을 찾아보라(그림 3-104~3-111). 가공하지 않은 바위, 토양, 물과 식생 같은 자연 재료가 유기체 형태를 쉽게 달성할 수 있지만 콘크리트나 유리 섬유, 플라스틱 같이 인공적으로 주물을 만들 수 있는 재료도 역시 유기적인 질을 표현할 수 있다. 고도의 복잡성 수준은 설계에 움직임의 복잡성을 가져오고 흥미를 더해 줌으로써 보는 사람의 주의를 환기시켜 준다.

그림 3-104

그림 3-105

그림 3-106

그림 3-107

그림 3-108

그림 3-109

그림 3-110

그림 3-111

| 집합과 분열(파편화) |

더 나아가서는 흥미 있는 이중성이 자연적인 형태의 특징을 이룬다. 통합하려고 하면서 동시에 통합되지 않으려는 경향이 있다. 한편으로는 요소들이 자석에 끌리는 것처럼 불규칙한 그룹으로 모이거나 끌려 온다. 다른 한편으로는 요소들이 불규칙적으로 구분된 공간으로 분산되거나 분열된다(그림 3-112).

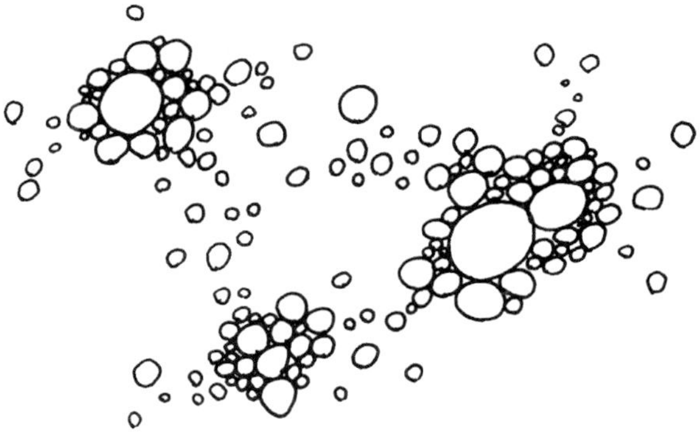

그림 3-112

그러한 많은 형태들은 자연 대상물의 특수한 이미지로부터 얻어지거나 해석으로부터 연구된다.

조경가는 같은 식물의 비정형적인 덩어리나 서로의 주위를 감싸거나 둘러싸는 식물 그룹의 흐름을 창조하기 위하여 식재 설계에 있어서 집합과 분열(파편화)을 사용한다(그림 3-113, 3-114).

그림 3-113

그림 3-114

성공적이고 자연적인 집합의 열쇠는 전체를 통일하는 한계 내에서 임의성과 불규칙성을 적용하는 것이다. 예를 들면 연못 주위에 바위를 모아 놓는 것은 크기, 공간, 모습에 의해서 다양화된다. 어떤 것들은 다른 것들보다 커야 한다. 어떤 것들은 물속에 넣어 주거나, 둑에 계단을 만들어 공간과 모습이 다양화되어야 한다. 다른 것들은 편평하게 나타날지 모르나 어떤 것들은 깊은 측변을 보여준다. 통일성은 모두가 같은 일반적인 색채, 질감, 형태와 방향을 가진 바위를 선택하는 것으로부터 비롯된다. 그림 3-115, 3-116의 자연적인 집합과 그림 3-117, 3-118의 설계된 집합을 비교해 보라.

그림 3-115 자연적인 집합

그림 3-116 자연적인 집합

그림 3-117 디자인된 집합

그림 3-118 디자인된 집합

떨어져서 분절되어 있는 느낌을 주는 분열의 예들도 역시 있다. 이러한 아이디어에 내재해 있는 것은 아주 치밀하게 되어 있는 요소들로부터 아주 느슨하게 놓인 요소들로 점진적으로 전이되는 개념이다(그림 3-119~3-122).

그림 3-119 자연적인 분열(파편화)

그림 3-120 자연적인 분열(파편화)

그림 3-121 디자인된 분열(파편화)

그림 3--122 디자인된 분열(파편화)

집합과 분열이 둘 다 존재하는 개념은 디자이너가 딱딱한 경관(예, 포장)으로부터 부드러운 경관(예, 잔디)으로 편평한 지면(그림 3-123)에서 점진적인 변화를 성취하기를 원하는 경관에 유용할지도 모른다. 혹은 한 식물 군집의 혼합감을 다른 식물의 혼합감으로 만드는 데 유용하다(그림 3-124). 각각의 경우에 집합은 다른 쪽으로 느슨한 접촉을 가지면서 분열되거나 분산된다.

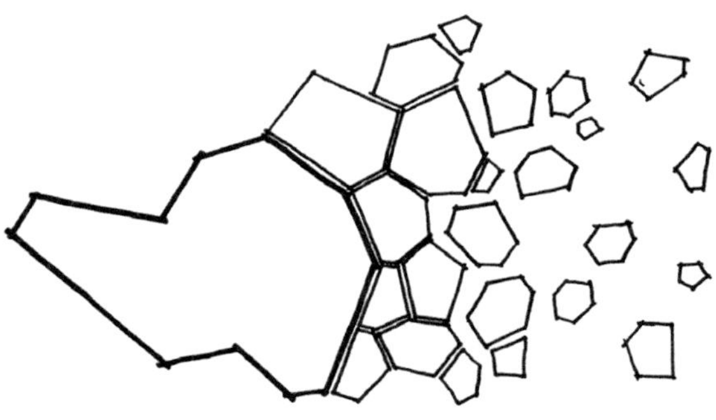

그림 3-123

그림 3-124

| 차원(프랙탈) 기하학 |

제2장과 이 장에서는 기하학적인 형태와 자연적인 형태 사이의 차이를 볼 수 있는데 이것은 설계된 형태의 발전을 단순화하기 위해 만들어진 뭔가 독단적인 구별이다.

단, 기하학적인 형태와 자연적인 형태 둘이 분리되어 있고 상호 배타적인 범주에 있는 것을 의미하지는 않으며 많은 부분이 겹쳐진다. 실제로 자연의 세계에는 수학적이고 기하학적인 질서의 체계가 무수히 존재한다. 예를 들면 꿀벌에 의해서 만들어지는 육각형의 벌집이라든가, 대부분의 꽃에서 보이는 것처럼 방사상의 균형이라든가, DNA 나선형에서 보는 것처럼 엄격한 나선형의 질서 같은 것들이 있다. 이러한 것들은 모두 기존의 유클리드 기하학 법칙과 일치하고 있다.

그러나 자연에는 전혀 유클리드 기하학에 일치하는 것처럼 보이지 않는 패턴들이 많이 있다. 다음 단어들, 즉 가지가 갈라진, 구름 낀, 집합된, 먼지가 많은, 소용돌이, 향기가 있는, 불규칙적인, 부풀어 오르는, 엉킨, 비틀린, 교란하는, 흐르는, 파도치는, 와상형의, 안개 같은, 꿈틀거리는 등이 암시하는 그림을 그려 보라. 아마도 많은 불규칙성과 잠재되어 있는 혼돈을 가지고 있는 아메바 형태가 상상될 것이다. 이와 같이 명백히 혼돈스러우며 자연적으로 발생하는 패턴으로부터 질서를 찾아내려는 시도를 하고 있는 기하학이 차원 기하학이고 수학과도 상당히 밀접한 관련을 맺고 있다.

자연의 차원 기하학이라는 책에서 만델브로트(1982)는 이러한 아메바 같고 불규칙적인 형태들을 수학적으로 조직화한다. 그림 3-125~3-129의 그림을 생각해 보라. 경관디자인 상상에 적용할 수 있는 가능성이 광대하다.

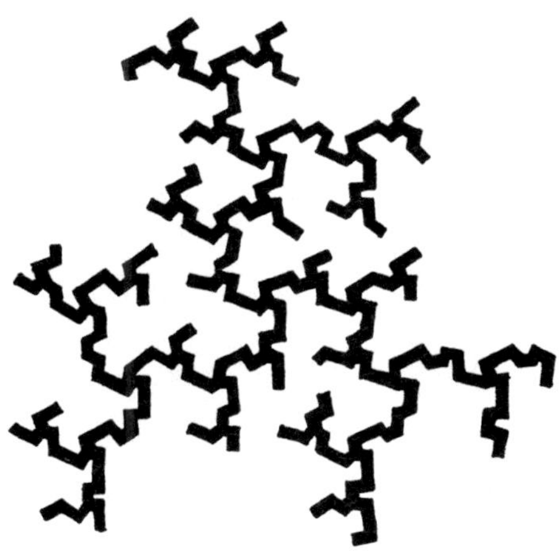

그림 3-125 지그재그

그림 3-126 커튼

그림 3-127 가지들

그림 3-128 미로

차원 기하학의 수학적인 공식에 대해서 고민할 필요는 없다. 다만 우리의 목적을 위해서 이러한 자연의 더 복잡한 패턴을 관찰하고 추상화하는 것으로 충분하다. 이러한 것들을 정확한 반복 대신 비규칙성을 나타내고 균형 대신 불균형, 예측 가능한 것 대신 임의성, 경직성과 평행주의 대신 느슨함을 나타내는 것으로 생각하라. 비정상적이고 유기적인 형태를 조합하는 것이 성장과 과정, 천박과 자유, 약간 명확한 혼돈의 느낌을 불러일으켜 준다.

그림 3-129 동요

Chapter 04

설계 원리

중간 과정에 있는 설계는 몇 가지 중요한 원리에 의해서 유도된다. 경관을 설계하는 모든 과정에서 이러한 원리는 항상 적용된다. 또한 그것들은 설계 발전 과정에서 특별히 중요하다. 제1장의 첫 부분에서 언급했듯이 프로그램 개발, 부지 조사, 부지 분석의 우선적인 계획 단계 이후에 설계자는 프로젝트가 완료될 때까지 최종 설계의 발전과 함께 상세화와 관련된 모든 단계로 설계 원리를 통합하기 시작해야 한다. 이러한 원리들은 경관 사례들을 활용해서 단순화된 형태로 여기에 표현되어 있다. 설계자는 조직하는 원리를 사용해서 설계의 기본 요소를 다룬다.

| 설계의 기본 요소 |

설계의 기본 요소 분석은 10개의 분명한 실체로 인식해 볼 수 있다. 처음에 나오는 7가지는 우선 시각적이다. 즉 점, 선, 면, 형태, 동작, 색채와 질감이다. 나머지 비시각적인 감각과 관련된 3가지는 소리, 향기, 촉감이다.

점 단순한 점은 공간에서 차원이 없는 장소를 나타낸다(그림 4-1).

그림 4-1 점

선 점이 움직일 때 그 결과가 1차원적 선이다(그림 4-2).

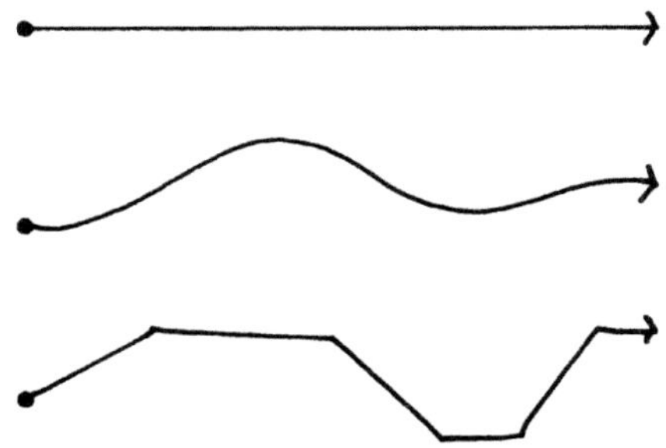

그림 4--2 선

면 선이 이동될 때 그 결과, 2차원적인 평면이나 표면이 만들어지는데 아직 두께는 없다. 표면의 모습이다(그림 4-3).

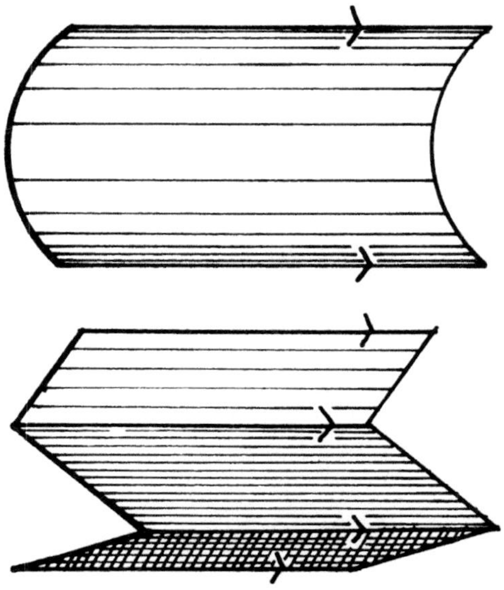

그림 4-3 평면

형태 면이 이동될 때 그 결과, 3차원적인 형태가 된다. 형태는 딱딱한 물체로 보이거나 면에 의해 둘러싸인 빈 공간으로 보이기도 한다(그림 4-4). 옥외 공간은 마치 방이 벽, 바닥, 천

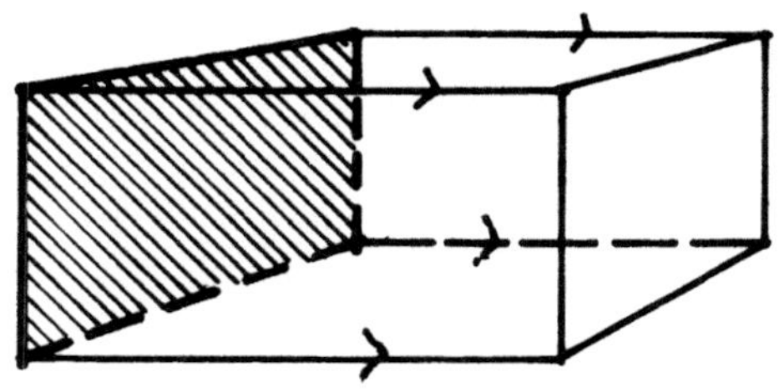

그림 4-4 형태

장에 의해 형태가 만들어지듯이 수직면, 수평면, 휘어진 면에 의해 한정되고 둘러싸인 대상물의 면에 의해 형태가 만들어진다. 옥외 공간의 몇 개의 면은 빛, 공기, 비와 다른 자연 조건들을 받아들이기 위하여 전체적으로 혹은 부분적으로 열려 있다.

동작 3차원적 형태가 이동될 때 동작은 지각되며 설계 요소로서 시간이라는 4차원적 요소를 개입시켜 준다. 그러나 여기서 동작은 관찰자와 관련해서 생각해야만 한다. 우리가 공간을 통하여 움직여 나갈 때 서로의 앞을 통과함으로써 대상물이 나타나고 커지거나 작아지며 시야에 들어왔다 나갔다 하고 세밀한 부분에서 변화가 나타난다. 옥외 공간 설계에 있어서 정지된 관찰자가 볼 수 있는 움직이는 대상물의 지각보다 움직이는 관찰자의 지각이 더 중요성을 가진다.

색깔 모든 표면은 다른 빛의 파장의 지각에 의해서 만들어지는 어떤 고유의 색을 지니고 있다.

질감 반복되는 점과 선에 의해서 만들어지는 표면의 특징은 시각적으로 상대적인 거칠고 섬세한 패턴을 만들거나 만짐으로써 알 수 있는 질감 촉감의 질을 느끼게 해준다(그림 4-5). 질감은 반복되는 많은 형태의 모서리나 색과 반사물 사이의 돌연한 변화에서 생긴다.

그림 4-5

나머지 3가지 요소는 비시각적인 감각과 관련이 있다.

음향-음향의 지각 우리가 경험하는 공간에 심오한 효과를 주는 것인 소리는 크거나 부드럽고, 자연스럽거나 인공적이고, 즐겁거나 시끄러운 등의 지각을 줄 수 있다.

향기–후각의 지각 경관 설계에 있어서 꽃, 잎, 침엽의 향기는 후각을 자극하게 되나, 이러한 유쾌하거나 유쾌하지 않은 후각은 광범위하게 퍼져 나간다.

촉감–접촉과 운동 감각상의 지각 우리는 피부 접촉을 통해서 여러 가지 감각을 받아들이게 된다. 예를 들면 뜨겁고 차가운, 부드럽고 거친, 날카롭고 무딘, 부드럽고 딱딱한, 습기 있고 메마른, 끈적거리거나 유연한 촉감들을 들 수 있다. 운동 감각은 움직임과 관련되어 신체의 압력을 통해서 감지되고 귀의 평형 감각을 통해서도 감지된다.

이러한 설계 요소의 조작은 각 대상지와 고객에게 맞는 창조적인 형태를 선정하고 발전시키려는 설계자에게 광범위한 기회를 제공해 준다.

| 조직의 원리 |

앞 장의 형태 발전에 관한 논의에서 그에 대한 체계적인 방법이나 조직의 테크닉에 대해서 다루었다. 이러한 형태들이 유용하다 하더라도 설계자는 잘 설계된 옥외 공간을 창조하기 위하여 조직의 원리를 가지고 이를 잘 조합하는 것이 필요하다. 통일과 조화 같은 기본적인 것은 특별한 테크닉과 언급하고 있는 원칙 사이에 그러한 관계성을 가지고 있기 때문에 이미 언급해 왔다. 이러한 원칙의 적용은 개념 계획의 초기 단계에서 시작하여 정교한 설계의 마지막 단계를 통하여 계속적으로 이루어져야 한다.

주위 세계에 대한 관찰자의 이해력과 즐거움은 두 가지 지각의 보완적인 원칙, 즉 새로움을 위한 자극에 대한 욕구와 친근함을 위한 욕구에 달려 있다. 전자는 변화에 대한 반응이고 후자는 변하지 않는 것에 대한 반응이다. 그러한 반응은 패러독스(역설)를 내포하고 있다. 지각은 다양성과 새로운 정보를 요구하고 동시에 규칙성과 반복 안에 있는 안정성을 추구한다. 그 내부에 무언가 모르게 기대되지 않은 변화가 내포되어 있는 친근한 패턴은 아마 미적인 만족을 가져오게 될 것이다. 설계의 해결책들은 절대적으로 옳거나 그르지 않고 모두 좋거나 나쁘지는 않다. 미는 단계적으로 지각되고 역시 개인의 이전 경험과 관련이 있다. 그러한 여러 가지 인간의 반응이 이루어지지만 다시 되풀이되는 시각적인 원칙과 조직은 흥미를 가지고 통일과 조화를 이루는 것이라고 말하는 것이 아직은 안전하다.

통일은 전체적인 구성의 이해력과 지각을 하나로 하기 위해 분리된 설계 요소들을 결합하는 것이다. 자연의 힘이 바위를 따로 갈라지게 할 때 그 갈라진 조각들은 크기와 모습이 아주 다르나, 하나로 된 원래의 바위 경계선 내에 놓여 있다(그림 4-6). 통일은 전체적인 조직 주제 내에 경관 요소의 다양성을 정돈시킴으로써 성취되는 하나됨과 응집력을 가진 성질이다. 그러므로 제2장에서 제시된 주제적인 테크닉을 사용하는 것은 통일된 설계의 틀을 형성하게 해준다.

그림 4-6

부가적인 통일이 되게 하는 테크닉은 선, 형태, 질감이나 색채의 반복을 포함하는데 특별히 연결된 선적인 배열의 무리 속으로 동일한 요소를 그룹핑하는 것과 접속하여 사용될 때 효과적이다. 그러한 예들은 다음과 같다.

사각형의 포장이 공간을 통하여 반복되었다(그림 4-7).

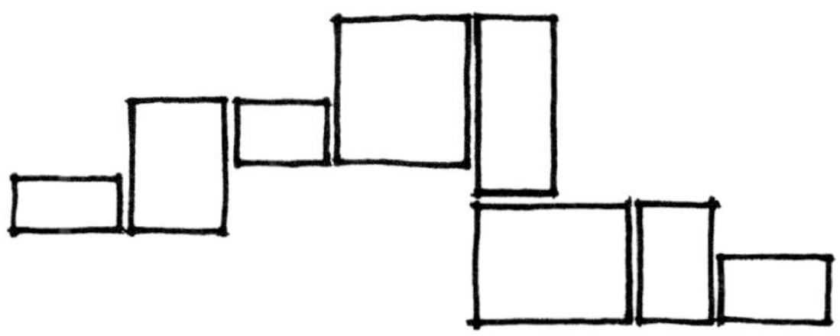
그림 4-7

통일시키는 실로서 물 흐름의 사용은 둥근 돌의 무리를 산재시켰다(그림 4-8).

그림 4-8

동일한 종의 강하고 잘 한정된 그룹으로 식물을 조직하였다(그림 4-9).

그림 4-9

설계가 통일성이 없으면 식물원에서 식물이 뒤범벅이 되어 있는 것과 같이 혼란스럽게 될 것이다(그림 4-10). 혹은, 마치 자갈면 위에 임의적으로 흩어 놓은 바위들이나 산더미처럼 아무렇게나 내버려진 것처럼 말이다(그림 4-11).

그림 4-10

그림 4-11

내버려진 산더미 같은 바위들이 왜 효과적인 설계가 될 수 없는가? 결국 모아 놓는 것으로써 통일감을 줄 수 있는가? 그 대답은 부분적으로 바위들의 의미 없는 다양성과 조화의 부족 때문이라고 할 수 있다. 아마 설계자들은 아인슈타인이 "신이 세상에서 도박을 하고 있다고 절대 믿을 수 없다."고 말한 이유와 똑같이 자연은 임의적이지 않다고 마음 편하게 생각할 수 있다.

*조화*는 요소들 사이에서 주변 환경과 일치된 상태이다. 통일과는 대조적으로, 조화는 전체적인 모습과 반대로 요소들 상이의 관계성과 관련이 있다. 서로 혼합되거나 맞물려 있고 맞게 되어 있는 요소들은 조화롭다. 서로의 통합이나 위치 설정에 위배되는 것처럼 여겨지는 요소들은 조화롭지 못하다. 조화를 성취하는 몇 가지 테크닉은 형

태의 통합 부분인 p.131부터 나와 있다. 핵심적인 아이디어들은 다양한 요소들 사이에 부드러운 변환과 강한 연결, 적절한 완충을 유지하는 것이다.

*확실성*과 *기능적인 가치*는 조화를 진전시킨다. 목적에 맞게 자연 재료를 사용함으로써 경관 문제를 해결하는 것은 예술성이나 기능의 의미가 없이 인공적인 재료를 사용하는 것보다 더 조화로운 경향이 있다. 일반적인 지침은 어울리지 않거나 모호하거나 연약하게 보이는 해결책을 피하라는 것이다.

좋지 않은 설계라고 생각되는 것과 좋아하지 않는 것과의 사이에 차이가 존재한다는 논란이 전개될 수 있다는 위험이 있지만 다음의 예(그림 4-12~4-14)는 조화가 부족한 것들을 보여주고 있다.

특별히 어디로 갈 수 있지도 않고 중요한 의미도 없는, 잔디에 있는 조그마한 다리는 주위 환경과 어울리지 않는다(그림 4-12).

그림 4-12

풍상에 시달린 그루터기들이 줄지어 조심스럽게 놓여 있다(그림 4-13).

그림 4-13

주의를 끌기 위해서 서로 경쟁하는 오리, 사슴, 개구리와 백조는 공간에 연약하고 모호한 감을 채워 주고 있다(그림 4-14).

그림 4-14

다른 한편으로 그룹을 이루고 있는 20마리의 홍학은 강하고 조화로운 영향을 강조해 준다(그림 4-15).

그림 4-15

조화로운 구성은 시각적으로 편안하다. 그림 4-16의 조화로운 물의 특성과 그림 4-17의 부조화스러운 물의 특성을 비교해 보라. 비슷한 대조를 그림 4-18과 그림 4-19의 전정 경관에서도 볼 수 있다. 그러나 일부러 혼란케 해서 긴장감으로 채우는 구성의 유효성이 있다. 제5장은 불일치와 속임의 통제된 사용이 옥외 공간에 흥분을 고조시킬 수 있는 몇 가지 적용을 보여준다.

그림 4-16 조화로운 구성

그림 4-17 조화가 부족한 구성

그림 4-18 조화로운 구성

그림 4-19 조화가 부족한 구성

*흥미*는 호기심이나 흥분, 침투의 느낌이다. 그것은 조직의 기본적인 원칙은 아니나 미적인 만족과 성공적인 디자인의 필수적인 면이다. 흥미는 모습과 크기와 질감과 색채에 있어서 다양성, 방향, 움직임, 소리나 빛의 성질의 변화를 도입함으로써 성취된다. 그것은 발견과 놀라움을 촉진하는 조직 패턴뿐만 아니라 평범하지 않거나 독특한 요소를 사용함으로써 더 고양시킬 수 있다.

아래의 연속된 그림은 통일, 조화와 흥미의 차이와 상호의존성을 보여주기 위하여 일부러 아주 단순화시킨 것이다(그림 4-20~4-24).

혼란 이 구성은 통일, 조화 혹은 흥미가 부족하다. 정방형 사이에 연약한 연결을 가짐으로써 배열이 혼란스럽다.

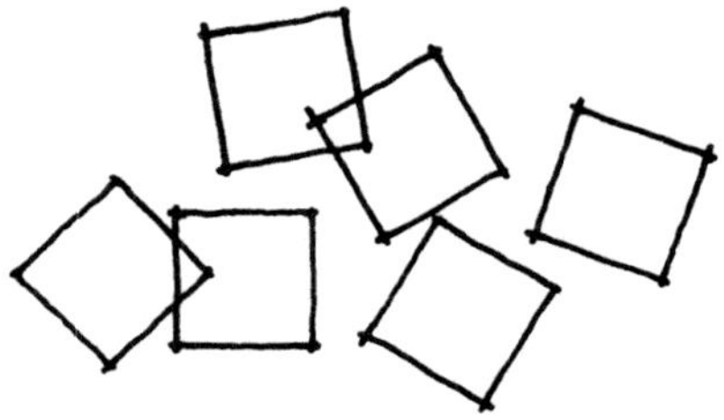

그림 4-20

통일 이 구성은 커브로 된 조직과 정방형의 반복에 의해서 통일되어 있다. 그러나 모호한 연결 때문에 조화가 부족하다.

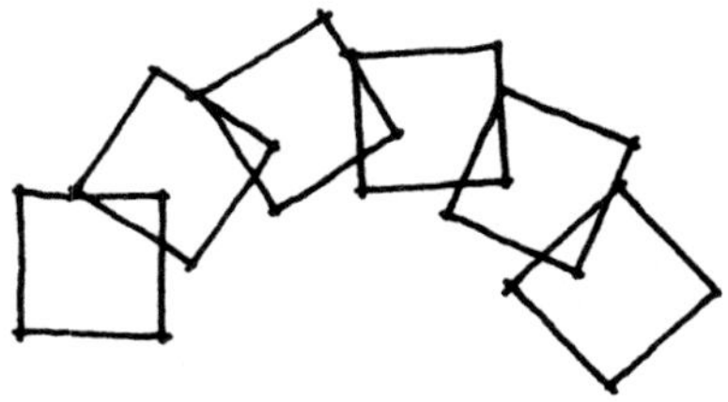

그림 4-21

조화 이 구성은 정방형 사이에 조화로운 관계성을 내포하고 있다. 모든 정방형이 동등한 관계성을 가지고 있으나 전체적으로 강력한 통일감이나 단위들 간의 응집력이 부족하다.

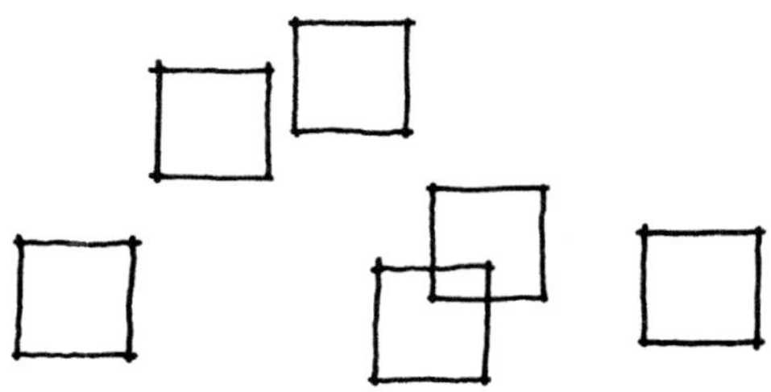

그림 4-22

통일과 조화 이 구성은 정방형 내에서 조직을 통해 통일되어 조화로운 관계성을 가지고 있으나 이전의 구성과 같이 흥미가 부족하다.

그림 4-23

흥미를 가진 통일과 조화 여기의 구성은 S 자 배열 내에 통일되어 있다. 모든 모서리가 조화로운 관계성을 가지고 정렬되어 있다. 정방형 크기의 변화는 흥미성을 더해준다.

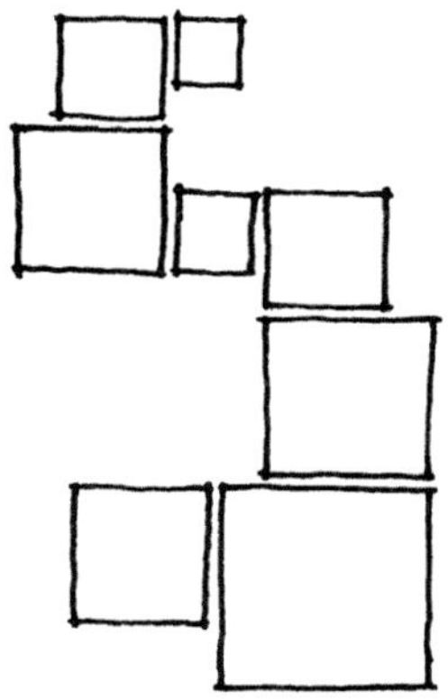

그림 4-24

조직의 몇 가지 다른 원칙은 따로따로 적용되는 가치와 위의 세 가지 지원을 받아서 얻게 되는 가치가 있다.

*단순함*은 불필요한 것들을 줄이거나 제거함으로써 얻어진다. 그것은 선이나 형태, 질감, 색채의 경제적인 사용이다. 그러므로 설계에 명료성과 목적성을 가지도록 도와주는 질서의 기본적인 형태이다(그림 4-25). 그러나 지나치면 단순함은 단조로움을 가져올 수 있다.

그림 4-25

*다양성*은 단순함의 반대이다. 지나쳐서 강력한 통일을 시키는 주제에 의해서 규제되지 않는다면 혼란을 가져올 수 있다. 명쾌한 공식은 있을 수 없지만 단순성과 다양성 사이에 안정된 균형과 대상지의 프로그램에 의해서 조절된 균형을 발견하는 것은 중요하다. 그림 4-26, 4-27에서 보여주는 구성은 흥미를 유지하기 위한 필수적인 다양성만을 남겨 두었다.

그림 4-26

그림 4-27

*강조*나 우세는 경관 안에 있는 요소에 덧붙여져 있는 중요성이나 취지이다. 강조는 둘러싸고 있는 것을 넘어서는 한 요소나 지대의 매력이나 영향, 힘에 초점을 맞추는 조직을 요구한다. 강조의 제한된 사용은 시선을 머무르게 하거나 방향성에 도움을 준다. 전체적인 디자인은 사람이 가장 중요한 것을 쉽게 결정할 수 있을 때 더 많은 즐거움을 주게 될 것이다.

강조는 대조의 결정적인 사용을 통해서 우선적으로 이루어진다(그림 4-28~4-33). 그러한 요소는 아주 작은 덩어리들 사이에 있는 큰 덩어리라든가, 아메바와 같은 배경에 대조되는 뚜렷한 모습이나, 침체된 색깔 내에 있는 밝은 색깔이라든가, 섬세하고 후퇴하는 질감에 의해서 둘러싸인 극적이고 거친 질감이라든가, 폭포와 같이 초점이 있는 음향의 사용 등이 될 수 있다.

그림 4-28 어두운 배경과 대조되는 밝은 색의 형태

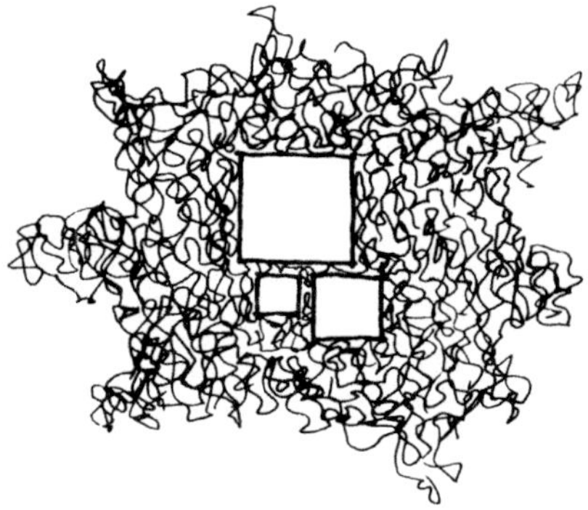

그림 4-29 무정형 배경에 둘러싸인 두드러진 모양

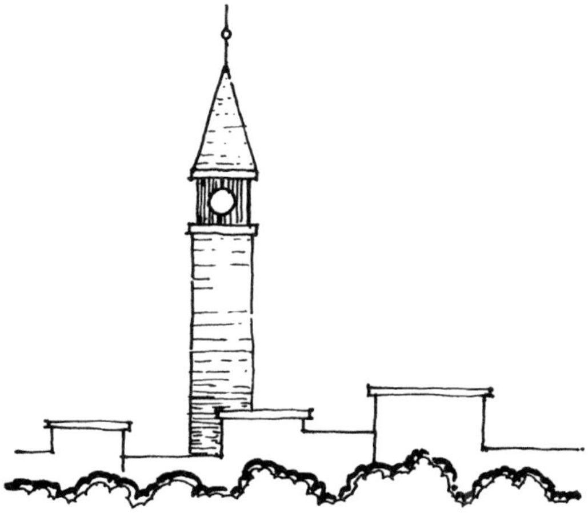

그림 4-30 작은 사물 옆의 높은 첨탑

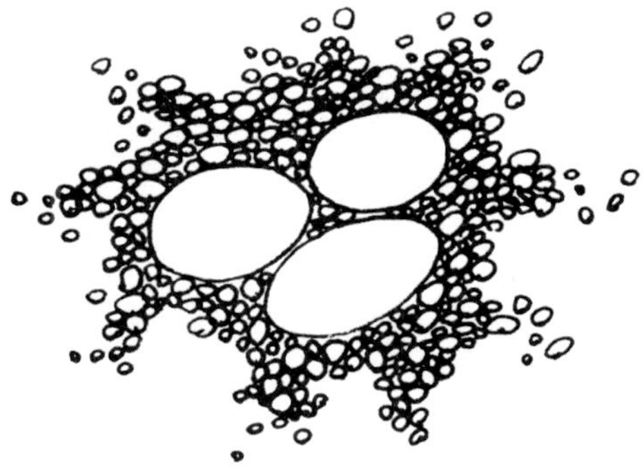

그림 4-31 부드러운 질감 옆의 거친 질감

그림 4-32 대조적인 사각형 안의 텅 빈 원형

그림 4-33 작은 돌들 속의 거대한 바위

강조는 이 장면에서 보는 것처럼 평범하지 않거나 독특한 요소의 도입으로 성취될 수 있다(그림 4-34~4-37).

그림 4-34

그림 4-35

그림 4-36

그림 4-37

*액자화*와 *초점화*는 강조의 원칙을 보완해 준다. 이것들은 지원해 주는 주변 경관에 의존하는 테크닉이다. 초점화는 관찰자가 특별한 경관을 보도록 주변의 요소들이 유도시켜 주는 방법으로 구조화될 때 일어난다(그림 4-38~4-41). 그러나 초점 지대가 주의 집중을 길게 할 필요가 있다고 확신하게 하는 데는 주의가 요구된다.

그림 4-38

그림 4-39

그림 4-40

그림 4-41

강조의 원칙이 선적인 경관 요소나 패턴이 있는 표면에 적용될 때 리듬이 생긴다. 리듬은 규칙적으로 반복된 강조이다. 끊어짐이라든가 변이, 맥박은 경관의 움직임에 흥미감을 가져올 수 있다(그림 4-42, 4-33).

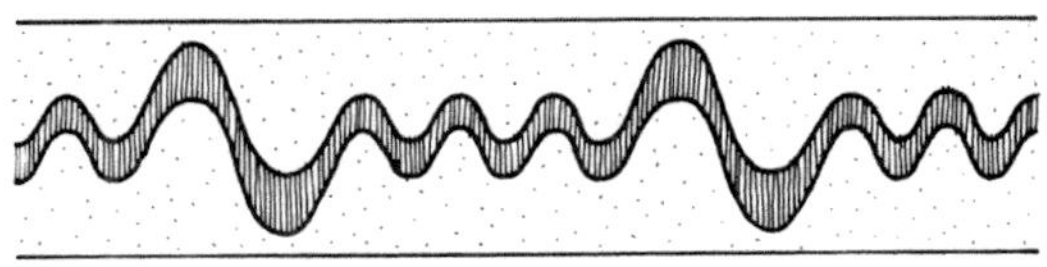

그림 4-42

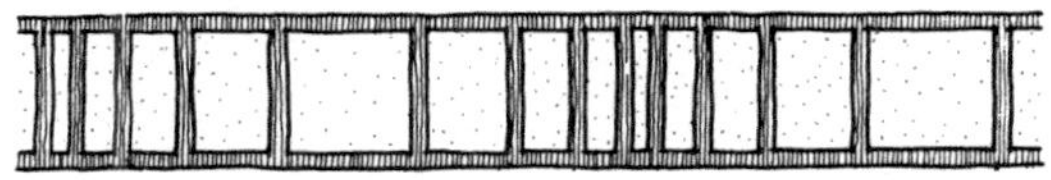

그림 4-43

*균형*은 평형의 지각된 상태이다. 균형은 안정을 의미하고 평화와 안정감을 불러일으키는 데 사용된다. 경관 설계에 있어서 균형은 발코니라든가 입구, 휴식 장소와 같은 시각의 정적인 지점에 더 잘 적용된다. 장면의 어떤 부분은 독특하고 평범하지 않은 것과의 관련성 때문에 다른 것들보다 쉽게 우리의 주의를 끈다. 여러 가지 매력 요소들이 이미지의 지점에 균형될 때 가장 마음이 평온하다. 경관의 구성에 있어서 이러한 구성은 흔히 투시도 안에서 수직 축 주위에 주의가 집중되어 균형을 이루는 것을 의미한다.

정형적인 균형은 기하학적이고 대칭적이어서 중심 축 양쪽에 동일한 요소의 반복을 통해서 이루어지는 특성을 갖고 있다. 이것은 정적이면서 예측 가능하게 만들고 장중함과 위엄, 자연 정복의 의미를 창조시켜 준다(그림 4-44, 4-45).

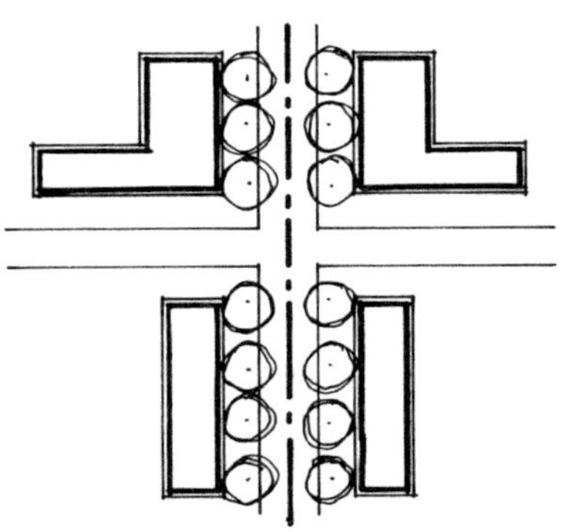

그림 4-44

그림 4-45

비정형적인 균형은 비기하학적이고 비대칭적이다. 이것은 자주 유동적이고 동적이며 자연적이면서 호기심과 움직임의 느낌을 창조시켜 준다(그림 4-46, 4-47).

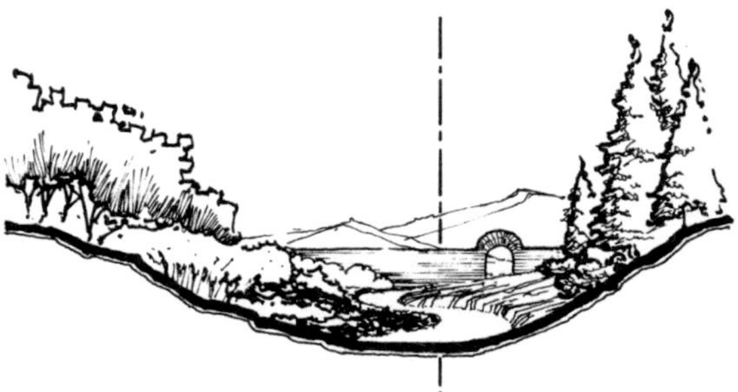
그림 4-46

그림 4-47

*스케일*과 *비례*는 높이와 길이, 면적, 덩어리, 양의 상대적인 비교와 관련이 있다. 비교는 하나의 요소와 다른 요소 사이에 이루어지거나 한 요소와 그 요소가 위치해 있는 공간 사이에서 이루어진다. 매우 중요한 것은 우리는 우리 신체의 크기와 비교해서 그 크기를 인지하는 경향이 있다는 것이다.

작은 스케일은 세밀한 것에 적용되는데 그 대상물이나 공간의 크기가 우리 자신의 크기에 가깝거나 더 작다(그림 4-48).

그림 4-48

거대한 스케일은 너무나 커서 쉽게 이해되게 하기 위하여 우리 자신의 크기보다 몇 배가 되는 공간이나 대상물에 적용된다(그림 4-49). 거대한 것은 경이로움과 경탄의 감정을 불러일으킬 수 있다.

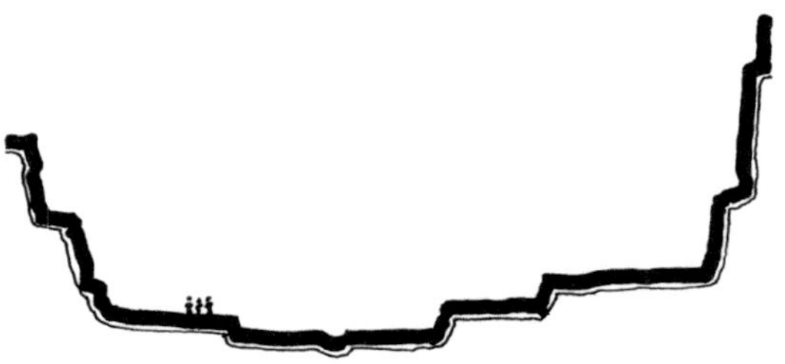
그림 4-49

어딘가의 사이에 있는 공간과 대상물이 인체의 비례로써 쉽게 인식될 수 있을 때 그 지역의 외부 공간이 인간적인 척도의 지역이 된다(그림 4-50). 양적으로 정확히 측정하기는 어렵지만 바닥면의 치수가 사람 키의 2배에서 20배 사이일 때 그리고 수직면이나 벽의 높이가 바닥면 너비의 2분의 1 내지 3분의 1일 때 안락한 인간적인 척도를 가지고 있는 것으로 여긴다.

그림 4-50

이러한 인간적인 척도의 넓은 범주 내에서 자주 공간적인 경험의 위계를 제공하는 것은 매우 바람직하다. 한 공간은 더 큰 그룹들에 적합하고 다른 공간은 작은 그룹들에 적합하다. 공간적인 위계와 관련해서 한 공간이 명확하게 우세하게 되는 경향이 나타난다. 그러나 균형과 그 스케일의 원칙은 거의 좋거나 나쁘다는 용어로 혹은 필수적이거나 불필요하다는 용어로 단순하게 고려되지 않는다. 그러한 것들은 설계자에 의해서 여러 가지 감정적인 반응을 일으키도록 다루어질 수 있는 조직의 원리이다.

연속은 움직임과 관련이 있다. 데크나 의자, 열린 부분을 통해서 보이는 정적인 그림 같은 시각은 중요한 사이의 장면이 될 수 있다. 그러나 우리는 거의 대부분 움직임으로써 옥외 공간을 경험한다. 산의 물줄기를 따라서 흐르는 물은 부드럽고 조용한 흐름에서 폭포를 따라서 깊은 연못으로 떨어지기도 하고, 빠른 속도로 분출되고 호수에 머무르기도 한다. 잘 만들어진 연속성은 시작점이나 주요 접근 지점을 알려 주는 문이 있어야만 한다. 공간의 다양성과 초점적인 경험이 뒤따를 수 있다. 도착했다고 하는 분위기로 끝나도록 논리적인 진전을 형성하도록 연결되어야 한다. 도착 지점은 머무는 공간이 제공되어 강력한 장소감이나 중요한 의미를 나타내 주어야 한다. 다른 공간과 연속성을 위하여 주변 공관과 문을 둘 수 있다. 실제로는 여러 개의 통로와 연속성을 가지는 것이 합리적이다.

이전에 언급된 강조, 초점화, 리듬, 균형, 스케일의 원칙들이 연속성을 구성하는 데 도움을 줄 수 있다. 발견하도록 유도하는 연속성은 가장 효과적이다(그림 4-51). 모든 것을 한 번에 드러내 주는 것은 일반적으로 최선의 것이 아니다. 구석이 연결되는 방이나 초점 지대를 숨겨줄지도 모른다. 비어 있는 부분이 흘낏 보이게 해줄지도 모른다. 그림 4-52, 4-53에서 보이는 인조 환경의 예에서 신비감에 주의해서 보라.

당신의 디자인이 물리적인 형태로 진전됨에 따라서 당신 자신에게 이러한 유용한 질문을 해보라.

- 디자인의 구성에서 다른 부분들이 단 하나의 강한 그림으로 보이도록 되어 있는가?
- 그 요소들이 서로에게 그리고 주변 환경에 잘 혼합되어 있는가?
- 적절한 다양성과 제한된 강조, 발견의 기회를 갖고 있는가?
- 이러한 디자인에서 모든 것이 절대적으로 필요한가?
- 모든 의미 없는 형태와 부적절한 재료, 과다한 대상물은 제거했는가?

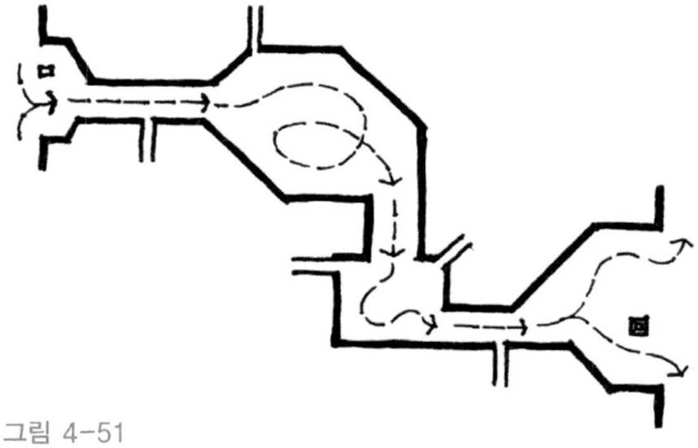

그림 4-51

그림 4-52

그림 4-53

| 형태의 통합 |

디자인의 강한 통일감은 여러 개발 주제의 하나만을 다룸으로써 전개된다. 크기나 방향에 변화를 주어서 같은 모습이나 선의 특성, 각을 반복함으로써 단조로움을 피하게 해준다. 그러나 자주 둘 혹은 그 이상의 대조되는 형태를 조합하는 것이 바람직하다. 아마 개념적인 설계에서는 소수의 부 주제가 등장하게 될 것이다. 또한, 재료의 변화는 형태 변화의 필요성을 지시해 줄지도 모른다. 아마 설계자는 흥미를 더해 주기 위하여 대조를 원할지도 모른다. 여러 가지 이유에도 불구하고 조화로운 통합을 위하여 주의를 기울여야 한다. 통합의 가장 유용한 원칙은 90° 연결을 사용하는 것이다. 원의 형태나 직각형이나 각형과 연결될 때 반지름이나 접선이 인식되면 자동적으로 90° 연결이 된다. 모든 선이 원의 중심과 직접적인 연관성을 가지게 되어 서로에게 강한 연결성을 주게 된다. 그림 4-54의 윗부분은 여러 가지 가능성을 보여준다.

구불구불한 형태에 직선을 연결한다든가 직선을 다른 자연적인 형태에 연결하는 방법에는 90°의 연결 방법이 가능하다. 평행적인 연결은 한 형태에서 다른 형태로 전이시키는 방법이다. 어떤 경우에, 필요에 따라서는 둔각의 연결이 덜 직접적인 경향이 있다. 예각의 연결은 대조되는 형태 사이의 모호하고 강화된 관계성을 가져오기 때문에 매우 조심스럽게 사용되어야 한다.

조화로운 변화는 완충 공간과 점진적인 변화에 의해서 성취될 수 있다. 완충 공간은 시각적으로 마찰 잠재력이 있는 것들을 부드럽게 하기 위하여 대조되는 형태 사이에 혼란스럽지 않을 만큼 충분히 시각적인 거리를 띄는 것을 의미한다.

점진적인 변화는 디자이너가 한 형태와 다른 형태 사이에 점진적인 변화를 드러내기 위하여 몇 개의 중간에서 나타나는 시각적인 형태를 제공하는 것을 제외하고는 동일한 효과를 주게 된다. 구불구불한 선에서 직선으로의 변화는 그림 4-54의 오른쪽에 나타나 있다.

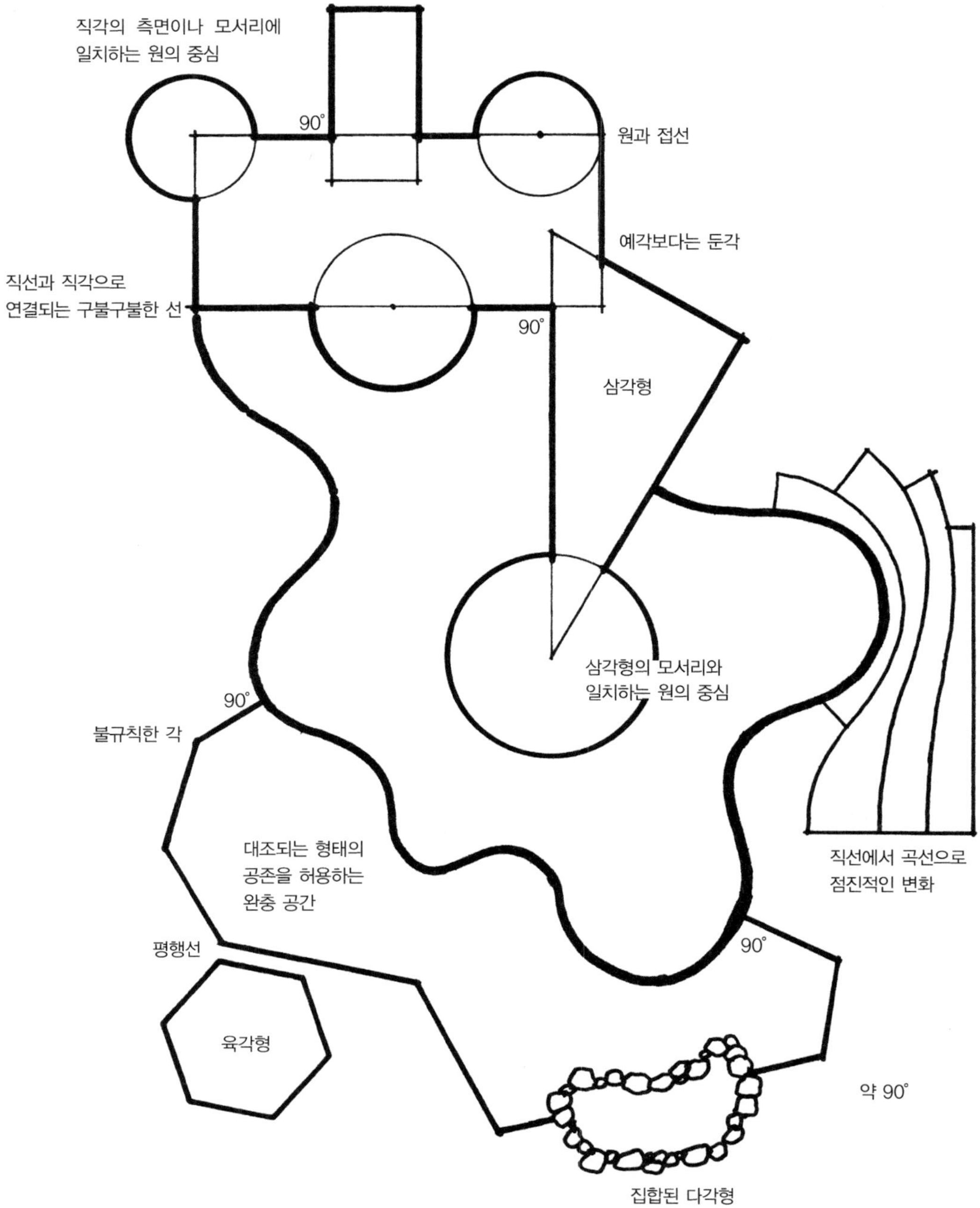

그림 4-54 형태 통합의 방법

몇 가지 패턴들이 그림 4-55의 계획에 통합되어 있다. 여기에는 두 개의 90° 직각 주제가 발견된다. 앞의 직각으로 되어 있는 주차장은 입구 계단과 45°로 만나고 뜨거운 물통을 둘러싸고 있는 담장은 건물 벽과 직접 나란히 연결된다. 135° 정원 담장은 바람직한 각으로 건물과 잔디 경계와 연결된다. 같은 바람직한 각(90°)의 연결은 곡선으로 되어 있는 잔디 경계와 포장 면의 경계가 만나는 곳에서도 나타난다. 직각 분천으로부터 나온 물은 선적인 계단 통로로 흘러내리고 나선형 통로 형태로 전이된다. 나선형으로 되어 있는 반원은 중정 가장자리와 중심점이 일치된다.

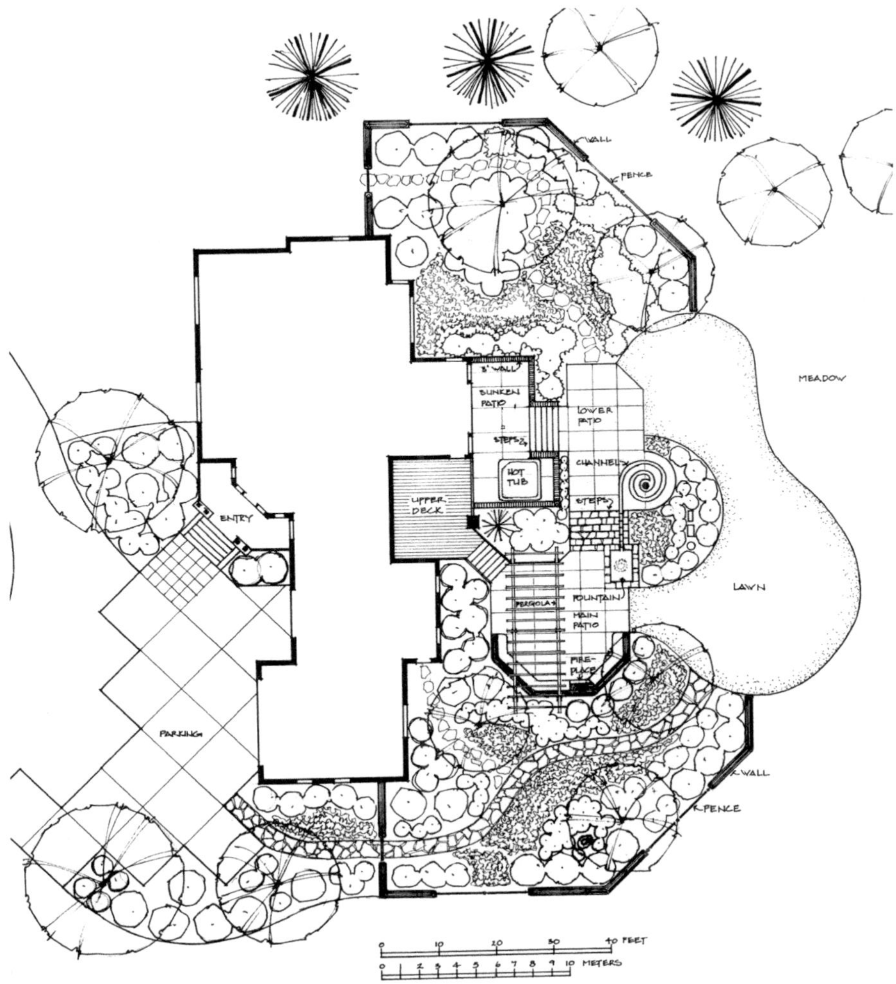

그림 4-55 형태의 통합을 보여주는 정원 계획

로마식 아치는 원의 형태에서 직각 형태로 변환하는 아주 명료하고 단순한 방법을 보여준다. 아치 모양의 돌은 둔각으로 벽돌의 모서리와 만나는 반지름을 형성한다(그림 4-56).

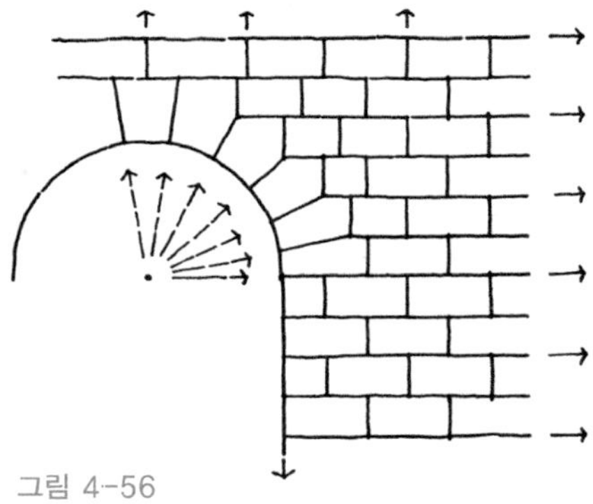

그림 4-56

다음에 보여주는 예(그림 4-57~4-66)는 둘 혹은 그 이상의 대조되는 형태를 포함하고 있다. 90° 연결과 완충 공간, 점진적인 변화를 찾아보라.

그림 4-57

그림 4-58

그림 4-59

그림 4-60

그림 4-61

그림 4-62

그림 4-63

그림 4-64

그림 4-65

그림 4-66

Chapter 05

규칙을 넘어서:

변칙적이고 도발적인 설계

앞 장에서 전문적으로 적합한 설계안을 발전시키는 데 유용한 도구가 되는 지침을 제시하였다. 해야 할 것과 하지 말아야 할 것을 따름으로써 빈약한 설계의 많은 전형적인 단점을 피할 수 있을지도 모른다. 이러한 지침들은 의뢰인의 요구, 부지 또는 환경적 상황에 맞을 뿐 아니라 흥미를 주는 조화롭고 통일성 있는 설계를 이루는 데 도움을 줄 것이다. 그러나 그것들은 단지 지침일 뿐이며 처음에 훈련하기에는 좋을지 몰라도 때때로 그 규칙을 굽히거나 깨뜨리는 것이 필요하다. 변칙적인 디자인은 정상적인 것을 벗어난다. 정의에서 보는 바와 같이 기존의 기준과는 다른 몇 가지 속성을 포함한다.

일반적으로 우리는 기능적이고 안락하고 비용이 적게 들면서 시공 후 유지하기 쉽고 모든 이용자들이 좋아할 훌륭한 설계를 기대한다. 만약 우리가 기준을 무시해서 창조적인 설계의 경계를 무너뜨린다면 이러한 기대 사항 중 한두 가지는 위반해야 할 것이다. 아마 이러한 결과로 얻어지는 경관과 공간은 건축하기에 비싸고 유지하기에 비실용적이고 어렵고 혹은 사람들에게 불쾌하게 될지도 모른다. 왜 그럴까? 이러한 새로운 아이디어들이 흥미롭고 자극적이기 때문이지만 더 중요하게는 기술 혁신의 기초가 되기 때문이다.

새로운 재료와 건축 과정의 도입은 처음에는 매우 비쌀 수 있으나 자주 활용함으로써 비용이 상당히 줄어들 수 있다. 비실용적이거나 미적인 진술이 더 실용적인 적응을 불러일으킬 수 있다. 괴상한 핵심적 장소는 성공적인 관광 매력 요소가 될 것이다. 물론 성공을 보장할 수는 없다. 정반대로 실패할 수도 있을 것이다. 변칙적인 설계는 위험하지만 이러한 위험을 알고 더 안전한 기초 위에서 잘 노력한다면 여러분은 비범한 시도를 할 준비가 되어 있는 것이다.

이 장에서 우리는 약간 평범하지 않은 몇 가지 옥외 설계를 보게 될 것이다. 여러분은 자신의 가치 체계에 의해서 그것들이 좋은지 나쁜지, 가치가 있는지 없는지, 즐거움을 주는지 짜증이 나는지를 결정하게 된다. 그러한 가능성은 여러분의 상상력에 의해서만 한정된다. 다음의 몇 가지 예들은 여러분 자신의 창조력을 자극할 수 있다.

| 예각의 형태들 |

앞 장에서 예각은 피하라고 제안했지만 어떤 조건과 주의 깊은 처리를 통해서라면 성공적으로 통합될 수도 있다.

잘 알려진 건축가 페이(I. M. Pei)는 많은 구조물 속에 날카로운 모서리를 효과적으로 통합시켰다(그림 5-1). 그것들은 직선적인 모서리와는 뚜렷이 다르다.

그림 5-1

그림 5-2

그림 5-3

마찬가지로 이러한 도시 광장에서도 많은 날카로운 가장자리를 내포하고 있다(그림 5-2, 5-3). 위험하지 않도록 노련하게 배치한다.

싱가포르에 있는 분수(그림 5-4)는 물 조각과 계단으로 된 날카로운 각의 형태가 결합된다. 그들은 함께 어우러져서 움직이는 물의 동적인 성질을 고양시켰다. 정점 부분의 파손을 피하기 위하여 첨단이 둥글게 처리되었다.

그림 5-4

서로 접하는 원에는 예각이 잠재해 있다. 같은 레벨에서 포장 재료를 채우는 것은 지면의 문제를 해결하는 것이고(그림 5-5), 한편 생울타리(hedge)의 모서리를 둥글게 하는 것은 이러한 설계에서 수직면의 모서리를 부드럽게 해준다(그림 5-6).

그림 5-5

그림 5-6

이러한 삼각 패널은 옥외 긴장 구조를 형성하는 데 사용된다(그림 5-7, 5-8). 날카로운 모서리들이 디자인에서 불리하게 작용하기보다는 구조적으로 필요하게 되어 있다.

그림 5-7

그림 5-8

| 상반된 형태들 |

형태의 불연속적인 연결을 통해서 경관에 긴장을 주게 된다.

기울어진 사각형이나 수직벽은 그림 5-9, 5-10과 같이 원의 중심과는 아무런 관련이 없다.

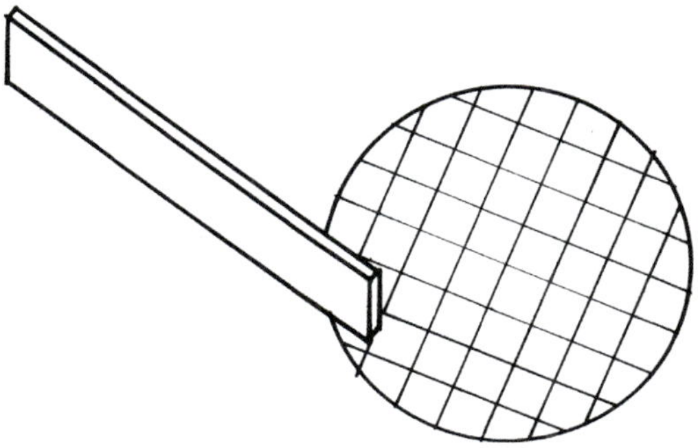

그림 5-9

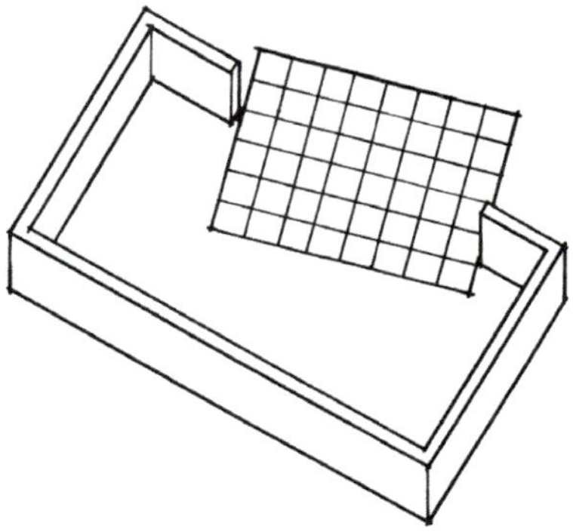

그림 5-10

상반된 요소로 도입된 서로 마찰을 일으키는 형태는 특별한 감정적 반응을 이끌어 낸다.

콜로라도 덴버에 있는 광장에서 부조화스럽고 비뚤어지게 연결된 바닥 패턴과 벽의 디자인이 일으키는 시각적인 불안정성을 볼 수 있다(그림 5-11). 이 사진이 공간에 선택된 이래로 좋은 의도를 가지고 총체적으로 재디자인되어 왔다.

그림 5-11

정확히 완전하지 않은 형태는 의도적으로 긴장을 도입하는 또 하나의 방법이다. 우리의 마음속에는 완전한 상태나 형태의 형상이 있어서 무의식적으로 그것을 고정관념으로 받아들인다.

우리는 눌러서 들어간 원을 보고 그것을 완전한 형태로 만들기 위해서 바깥 부분을 둥글게 만들려고 한다(그림 5-12).

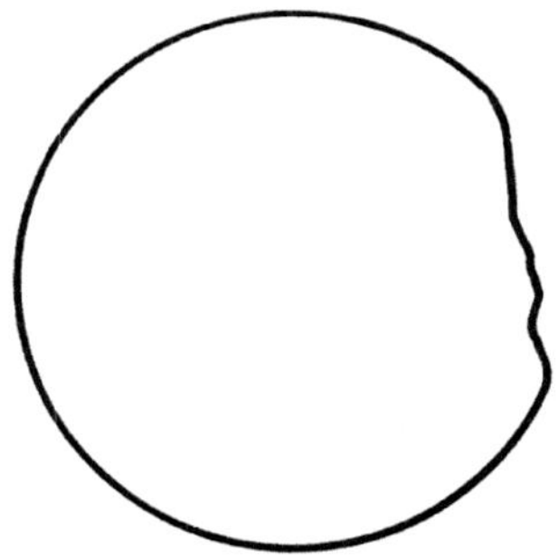

그림 5-12

우리는 거의 극적으로 접촉하는 형태를 만들기 원한다(그림 5-13).

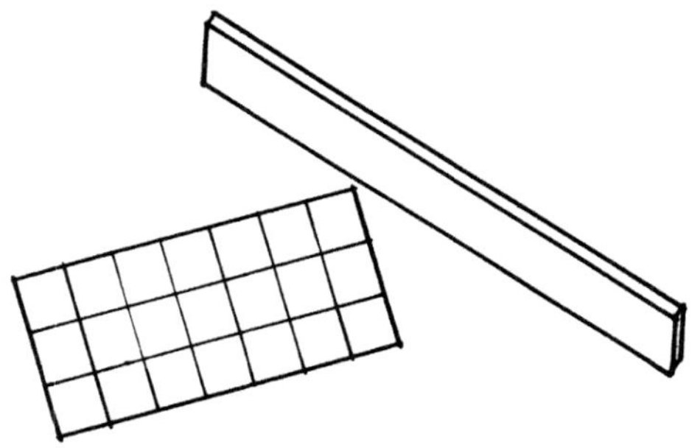

그림 5-13

우리는 거의 평행이나 완전하지 않은 두 개의 벽이 일치하지 않는 것을 의아하게 여긴다(그림 5-14).

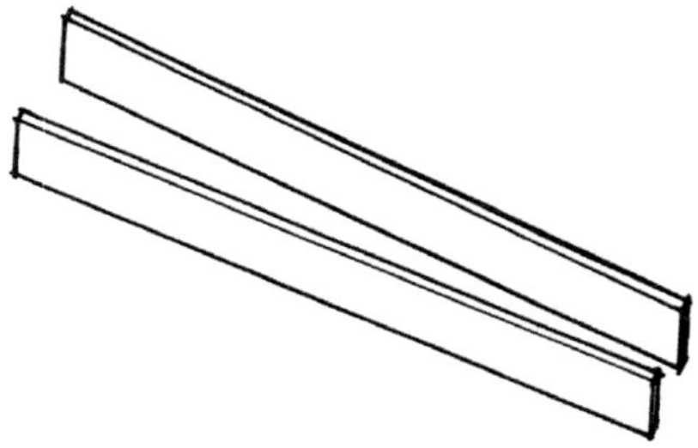

그림 5-14

어떤 관찰자들은 단지 실수만을 보고 실망해서 떠날 것이다. 다른 사람들은 의도적인 부조화의 도입을 지각하고 그 이유를 찾을지도 모른다. 보는 사람에게 혼란을 주는 것 이외에 아무것도 없을지 모른다.

상반된 형태를 중복시키는 것은 대조되는 형태로서 서로 뚜렷한 관련성이 없으면서 한끝을 겹치거나 다른 형태를 관통하는 것이다.

예를 들어 구불구불한 식재면이나 바닥면의 선이 벽 형태에 대한 아무런 인식 없이 직선상의 앉기 위한 벽에 놓인다면, 겹치는 지점은 경관에 있어서 긴장이 되는 지점을 형성하게 될 것이다. 서로 분리된 실제 형태를 인식하게 됨에 따라서 화해를 이룰 수 있다(그림 5-15).

그림 5-15

싱가포르에 있는 이 보행자 길에는 몇 개의 대비되는 형태가 존재한다(그림 5-16). 커브로 된 벽, 직선으로 된 띠, 불규칙적인 돌의 가장자리, 직각형의 계단, 세 가지 다른 포장 패턴, 모든 것들이 변덕스럽고 불합리한 관계성을 가지면서 함께 혼합되어 있다. 아무것도 잘 결합되어 있지 않다. 아마도 환상적인 기분을 창조하기 위하여 규칙을 깨버린 것 같다.

그림 5-16

캘리포니아, 델 마르에 있는 이러한 포장 패턴의 놀이를 즐길 수 있는 가능성은 어떤 경직된 구조의 사소한 포기를 나타낸다(그림 5-17).

그림 5-17

| 파괴 |

이것은 파괴, 쇠퇴나 불완전한 상태를 나타내는 대상물과 공간의 의도적인 디자인이다. 아마 이용자의 주의를 끌기 위한 비밀 장치일 뿐이나 디자인의 고유의 목적과 개념에 뿌리를 두고 있는 것 같다. 이러한 접근은 비정상적이지만 어쨌든 새롭다. 많은 고전적인 영국 정원은 역사적인 느낌을 창조하기 위하여 특별히 파괴된 것으로 구성되어 있다(그림 5-18).

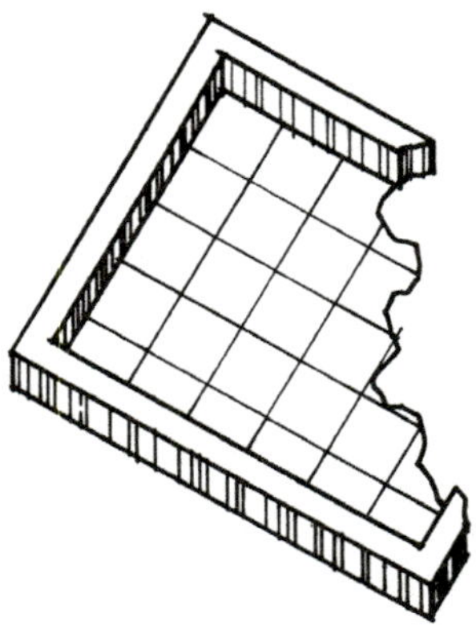

그림 5-18

이 현대적인 예(그림 5-19)에서는 벽의 각 단위들이 무너진 구성을 창조하기 위하여 경관에 조심스럽게 놓여 있다. 블록은 쓰러뜨리기 어렵지만 벽에 있는 구멍의 모습에서 나타나는 조직화된 혼돈의 흥미로운 이미지와 지면 위에 있는 블록이 대비되는 구성이다(슈투트가르트, 독일).

그림 5-19

이 암석원(그림 5-20, 5-21)은 바위에서 가능한 형태와 색채, 질감의 다양성을 이용할 뿐만 아니라 경사지고 부분적으로 파묻힌 깔림돌에서 잠재해 있는 메시지를 표현해 준다. 인접해 있는 한쪽 면이 아무런 기능이 없이 구부러지고 갈라져 있는 콘크리트 보행로이지만 깔림돌의 놓임을 보완해 주고 이들이 함께 보이지 않는 중력의 힘의 이미지를 불러일으켜 준다(신델핑겐, 독일).

그림 5-20

그림 5-21

이 떨어진 오벨리스크(그림 5-22)는 역시 동적인 과정의 정적인 표현이다. 벽을 가로질러 놓여 있지만 의도적으로 순수한 직선에서 약간 구부러지고 굴절된 선을 가지고 있다. 오벨리스크의 떨어지는 모습을 상상하는 것은 어려운 일이 아니다(신델핑겐, 독일).

그림 5-22

바라지 않는 흔들림은 새롭게 보이는 재료와 친숙한 구조를 택해서 오래되고 부서지고 부분적으로 무너지고 쇠멸된 것처럼 보이게 하기 위한 디자이너의 목적에서 비롯된 것이다(그림 5-23). 이러한 이미지의 유형은 전쟁이나 지진, 침식, 화재와 같은 파괴적인 과정과 관련된 어떤, 현재 그러한 개념적인 메시지가 있다면 의미를 더하게 될지도 모른다(웰링턴, 뉴질랜드).

그림 5-23

그림 5-24에 보이는 벽과 연관된 건물은 파괴되어가는 건축이 일시적인 탈출의 즐거움을 줄 수 있거나 이러한 지역이 지진이 일어나기 쉬운 곳이라는 것을 상기시켜 줄지도 모른다(웰링턴, 뉴질랜드).

그림 5-24

| 사회적이고 정치적인 경관 |

어떤 설계자도 1970년대 초기의 캘리포니아주 버클리에 있는 '시민공원'을 설계한 것에 책임이 있지는 않다(그림 5-25~5-28). 그 형태는 사회적 현상의 결과물이기 때문이다. 그 대학 가까이에 있는 한 도시 블록의 절반은 수 년 동안 진흙투성이이고 비워져 있었다. 어떤 이렇다 할 지도력이 없었는데도 갑자기 사람들은 그 부지를 개선하기 시작했다. 잔디가 깔리고 놀이 기구들이 도입되고 채소밭들이 만들어졌다. 기본 계획이나 감독자가 없는 열정적인 건설의 시기였다. 그 결과로 얻어진 형태는 보통 통념으로 받아들여지는 우수성의 기준으로 평가한다면 상을 탈 만한 디자인은 아니었다. 그러나 그 장소는 쓸모있고 아름답다고 생각하는 공간에서 함께 일하고 즐기는 다양한 사람들의 활기로 가득 찬 곳이었다. 그것은 사회적이고 정치적으로 설명될 수 있다. 많은 사람들에게 그 공원은 성공적인 디자인이었다. 그러나 그 생명은 단지 몇 주 동안이어야만 했다. 권력을 가진 사람들에게는 일반적으로 받아들일 수 없는 파생물이었다. 그 공원은 완성되지 못했고 결국은 더 전통적이고 손질된 잔디밭과 무도회장으로 바뀌었다.

그림 5-25

그림 5-26

그림 5-27

그림 5-28

1989년 독일 프랑크푸르트에서 열렸던 전국 정원 전시회에서 주제 정원의 하나는 환경 악화에 관한 이슈에 근거를 두고 있었다(그림 5-29, 5-30). 왼쪽 절반은 편안하고 푸른 풀이 무성한 녹지 공간임을 보여주고, 오른쪽 절반은 완전히 황폐한 곳임을 보여준다. 경관 형태는 사회적인 메시지를 전달하기 위해서 사용되었다. 그것은 매력적인가? 그렇지 않다. 그것은 유용한가? 그렇지 않다. 그것은 자극적인가? 절대적으로 그렇다.

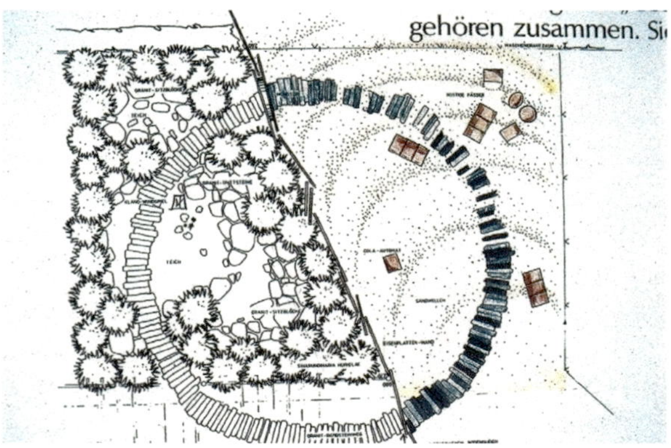

그림 5-29

그림 5-30

| 괴벽스러운 경관 |

다른 사람들에 의해서 괴벽스러운 사람으로 낙인이 찍힌 사람들은 평범하진 않지만 해를 끼치지는 않는다. 그들은 또한 매우 창조적이고 정력적일 수 있다. 그러한 사람들에 의하여 창조된 조경 공간은 자주 규칙을 위반하거나 무시하고 형태, 색깔, 질감에 있어서도 약관 광적이고 흥미 있는 요소를 포함하기도 한다.

이 소유자가 직접 만든 중정(patio)은 심한 경사와 고르지 않은 받침돌로 이루어진 짜 맞추어진 장치물로 되어 있다(그림 5-31). 그림 5-32의 벽은 다양한 벽돌들과 찻잔들을 포함한 세라믹 제품 등의 혼합으로 이루어져 있다.

그림 5-31

그림 5-32

워싱턴 시애틀에 있는 이 정원은 돌 자갈과 색채 유리가 기본적으로 겉을 꾸미는 재료로 쓰였다(그림 5-33~5-36).

그림 5-33

그림 5-34

그림 5-35

그림 5-36

| 왜곡된 경관과 환상 |

공간의 환상이 옥외 공간의 디자인에 유용할 수도 있다. 길고 좁은 공간의 끝은 공간의 모습과 수직적인 리듬을 다툼으로써 더 가깝게 또는 더 멀리 보이도록 만들어질 수 있다(그림 5-37).

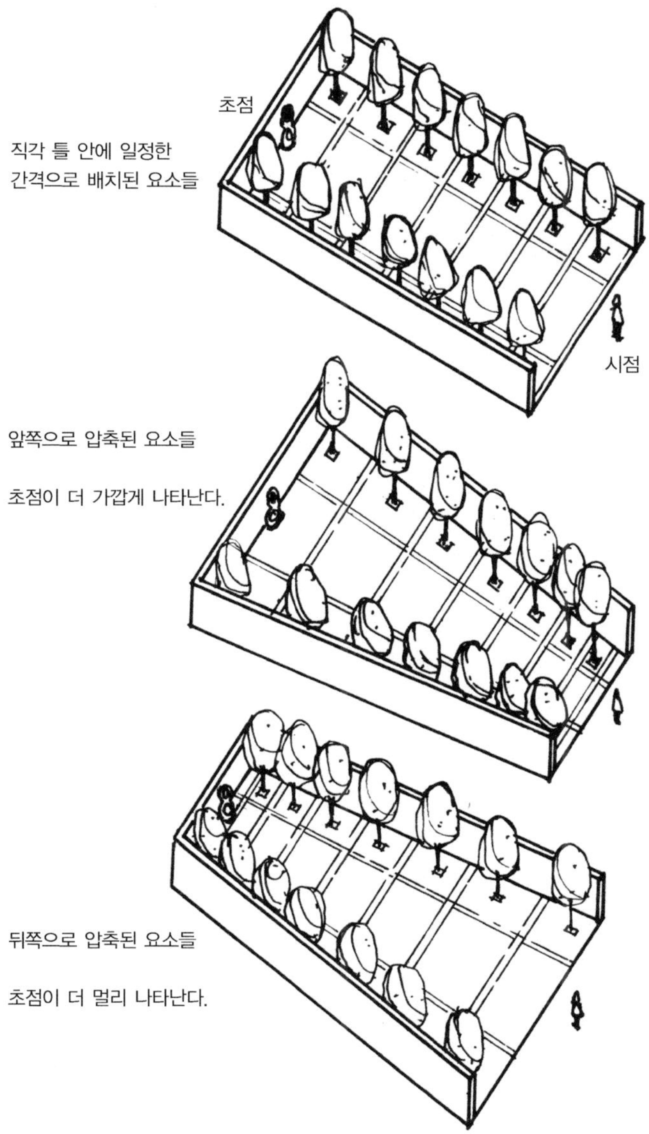

그림 5-37 투시도적인 환상

뉴질랜드 웰링턴시에는 놀라운 벽면 예술이 있다.

텅 비어 있는 부분은 벽 너머의 공간과 공간 안에 떠 있는 바다 조개의 환영으로 환상적인 바다 풍경이 된다(그림 5-38).

그림 5-38

앞에서 보면 이 오래된 건물은 정면에 편평한 앞면을 가지고 있다(그림 5-39).

그림 5-39

이러한 똑같은 앞면이 똑바로 보여질 때 새로운 세계가 열린다(그림 5-40). 작가는 배네치아 광장과 운하의 강한 투시도의 깊이를 포착했다. 그 굴뚝들은 기둥 끝에 잘 연결되어 있고 그 굴뚝에 칠해진 그림자는 공간적인 환상을 더 강화시켜 준다.

그림 5-40

같은 도시 내에 공간적인 환상으로 꾸며진 몇 채의 다른 오래된 건물들이 서 있다 (그림 5-41~5-44).

그림 5-41

그림 5-42

그림 5-43

그림 5-44

주변 관계에 있어서의 왜곡은 일상적인 방식과 장소 또는 환경을 벗어나서 사용되는 친숙한 대상물에 의해서 이루어진다. 이 마네킹 정원(그림 5-45)은 많은 사람들에게 마음을 불편하게 만들고 혼란스럽게 하며 그다지 기능적인 것도 아니다. 그러나 이러한 주변 관계의 변형에 의해서 놀라지 않을 사람은 없을 것이다(독일, 프랑크푸르트).

그림 5-45

그림 5-46의 미로 정원 설계자는 스케일의 왜곡을 통한 속임수를 쓰고 있다(독일, 프랑크푸르트).

그림 5-46

불가능하게 보일지는 모르지만 이 둥근 돌들(그림 5-47)은 스스로를 지탱하면서 정원의 아치로를 만들고 있다. 사실 그것은 매우 안전하지만 이 설계의 효과는 구조의 휘어짐과 쉽게 분리되어 떨어질지 모른다는 가능성의 환상에 있다(럿셀, 뉴질랜드).

그림 5-47

디자인 그룹에 참여하지 않거나 반복된 편안한 방법으로 자기 자신을 드러내지 않는 설계자는 드물다. "전에 성공적이어서 그것을 여기에 다시 사용할거야" 또는 "그것은 그렇게 될 수 없어"라거나 "그들은 그것을 결코 사지 않을 거야"와 같은 관념을 버려야 할 때가 올 것이다. "…라면 어떻게 될 것인가?", "도대체 왜 안 오지?", "어떻게 하지?", "이렇게 하는 것이 보다 나은 방법임에 틀림없어", "꽤 이상하지만 그것을 시도해보자!"라고 말해야 할 때가 올 것이다.

이러한 도전적인 방식 속에서 설계자는 가슴을 두근거리게 하는 경험을 자아내는 이미지를 향한 경관을 침착하게 만들어나갈 것이다. 관찰자는 균형에서 벗어날지도 모르고 불안감이나 곤혹스러움 속으로 빠져들지도 모른다. 그러한 이미지들은 깊게 굳어진 믿음에 도전하거나 기대감을 흔들어 버릴지도 모른다. 부조화를 적용하는 데 있어서 그것이 드물게 사용될 때 합리적이다. 더 중요한 가치는 통념적인 것에 도전하려는 설계자의 의무감에 있다.

Chapter 06

사례 연구

다음의 7가지 프로젝트들은 개념에서 형태까지의 설계 전개를 보여준다. 이들 모두 저자에 의해서 설계된 프로젝트들이다.

각 프로젝트의 앞에는 설계 주제들에 대한 요약인 설계 해석이 주어진다. 이것은 이용자 상담과 부지 조사를 통해서 결정된 주된 목적과 다양한 기하학적이고 자연스러운 형태의 주제들 그리고 가장 적합한 설계 원리를 목록화한 것이다.

첫 번째의 그림으로 된 다이어그램은 이용자의 기능적인 요구를 더 잘 드러내 주고 서로 간의 그리고 부지의 거친 관계성 속에 그것들을 정립시키는 개념 계획이다.

다음은 대부분의 설계를 구조화하는 데 사용되는 기본적인 주제들을 보여주는 주제 구성 다이어그램이다. 제2장의 초반부에 논의했듯이 설계는 개념 계획과 주제 패턴 둘 다로부터 얻어지는 공간적인 메시지를 혼합함으로써 얻어진다. 설계자는 각 레이어 사이를 왔다 갔다 하면서 시각화해야 한다. 더 나아가 설계자는 제4장에 요약된 설계 원리를 통합해야 한다. 그런데 그러한 과정은 어느 정도 순환적이다.

몇 개의 프로젝트에서 형태 진전 다이어그램이 보인다. 이것은 주제 구성 다이어그램이 상세화되는 것을 드러내 주는 중간 단계이다.

최종 계획은 흔히 시방서가 준비되기 전에 고객에게 보여주는 마지막 드로잉이다. 그러므로 식재를 위한 일반적인 사고를 따라서 지표면 재료와 경관 구조물들이 보인다.

완성된 경관들의 사진은 최종 계획에 따르게 되고 공간적인 특성, 수직적인 관계성, 색채와 질감의 조합, 조명의 질, 계획 경관 드로잉에서 명확하게 드러나지 않은 다른 디자인 이미지들을 보여준다.

| 프로젝트 1 | 은빛 아치 조각 정원

설계 해석

주요 목적

- 뜻밖의 발견 그리고 별난 발견을 위한 정원, 우연과 조사를 통해 가치 있는 경험 찾기
- 모든 연령층에 호소하는 흥미 있는 장소 창조하기
- 삼차원적인 예술을 창조하고 모으고 전시하기 위한 기회 제공
- 과정 속에 있고 변화에 적응해 나가고 한 번도 완전히 완성된 적이 없는 장소
- 생동감 있는 단체의 즐거움뿐만 아니라 조용하고 개인적인 회상의 기회 제공
- 뭔가 색다른 것 창조하기. 조금은 괴벽스럽고 혼돈스러워도 괜찮음

구조를 이루는 주제

- 90° 직각 격자(데크, 중정, 건물과 인접한 담장)
- 구불구불한 형태(잔디 지역)
- 나선형(초점 지대)
- 일반적인 구불구불한 형태와 파도 형태(물에 접한 부분과 연결 요소로서 작용하는 부분)

설계 원리

- **흥미** 처음 방문하는 사람들을 즉각적으로 사로잡는 흥미 요소는 실제 움직이는 것처럼 느끼게 해주는 환상을 가지게 하는 층을 따라 흐르는 워터 아치이다. 이것은 참여를 유도한다. 흐름에 대한 놀이적인 간섭은 워터 디스플레이 특성을 변화시킨다. 층을 따르는 흐름이 개구리의 입 속으로 조용히 사라져버리는 것 같은 신비감이 있다. 흥미의 전혀 새로운 차원은 밤에 조명이 층을 따라 흐르는 물, 수많은 조각물들과 다양한 질감을 갖는 지표면에 비추어질 때 드러나게 된다. 흥미와 발견을 위한 많은 기회 요인들이 있다. 15m짜리 흔들리는 그네, 그늘진 해먹(hammock), 몇 개의 숨겨진 길로, 숨겨진 경관과 다양한 조각 전시물들은 전략적으로 정원 전체에 걸쳐서 놓여 있다. 형태와 공간의 광범한 다양성은 혼돈에 닿아 있다.
- **강조** 부지의 중앙부에는 모여서 우세적인 초점 요소로 기능하는 다양한 물 요소들이 있다. 이것이 포장된 나선형의 종점이 층을 따르는 흐름의 시작과 일치하기 때문에 지표면에 보완적이다. 연못 속에 아치형으로 흘러 쏟아지는 환상이 있다. 사실상 그것들은 분리된 시스템이다. 전자는 메마르고 후자는 생물학적으로 균형되어 있다. 이야기 속 조그만 구성처럼 많은 조각물들은 그들 자신의 부수적인 이야기를 가지고 있다. 바위 위에 일광욕하는 도마뱀, 풀 속에 숨어 기다리는 악어, 담장에서 논쟁하는 두 마리의 까마귀들 등.
- **통일과 조화** 명백한 혼돈을 통일하는 전반적으로 유용한 주제이다. 조화의 어떤 정도는 한 형태에서 다른 형태로 주의 깊게 오케스트라된 흐름을 통해서 생겨나게 된다.
- **공간 특성** 계획 경관에서는 많은 레벨 변화가 불명확하다. 가장 높은 지점은 데크이다. 여기서부터 공간은 점차 주차장으로 흘러내리고 더 드라마틱하게 큰 잔디 공간과 나선형 중정(patio)으로 흘러내린다. 또 친밀하게 반응을 하는 공간은 작은 데크와 위가 포장된 테라스이다. 더 큰 그룹 행동을 위한 더 개방되고 더 안락한 공간은 더 낮은 취미 공간의 레벨에 위치해 있다.

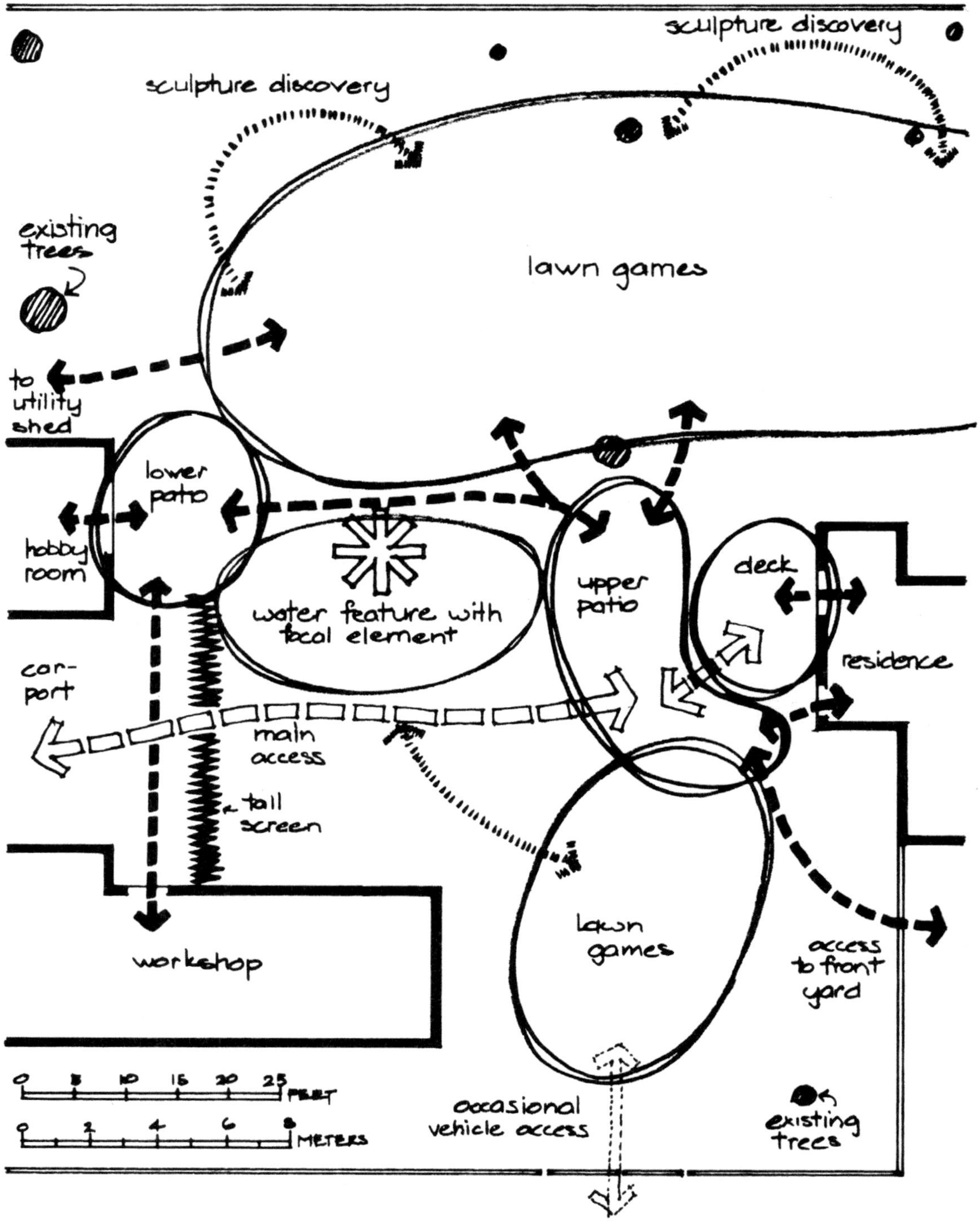

그림 6-1 은빛 아치 조각 정원, 개념 계획

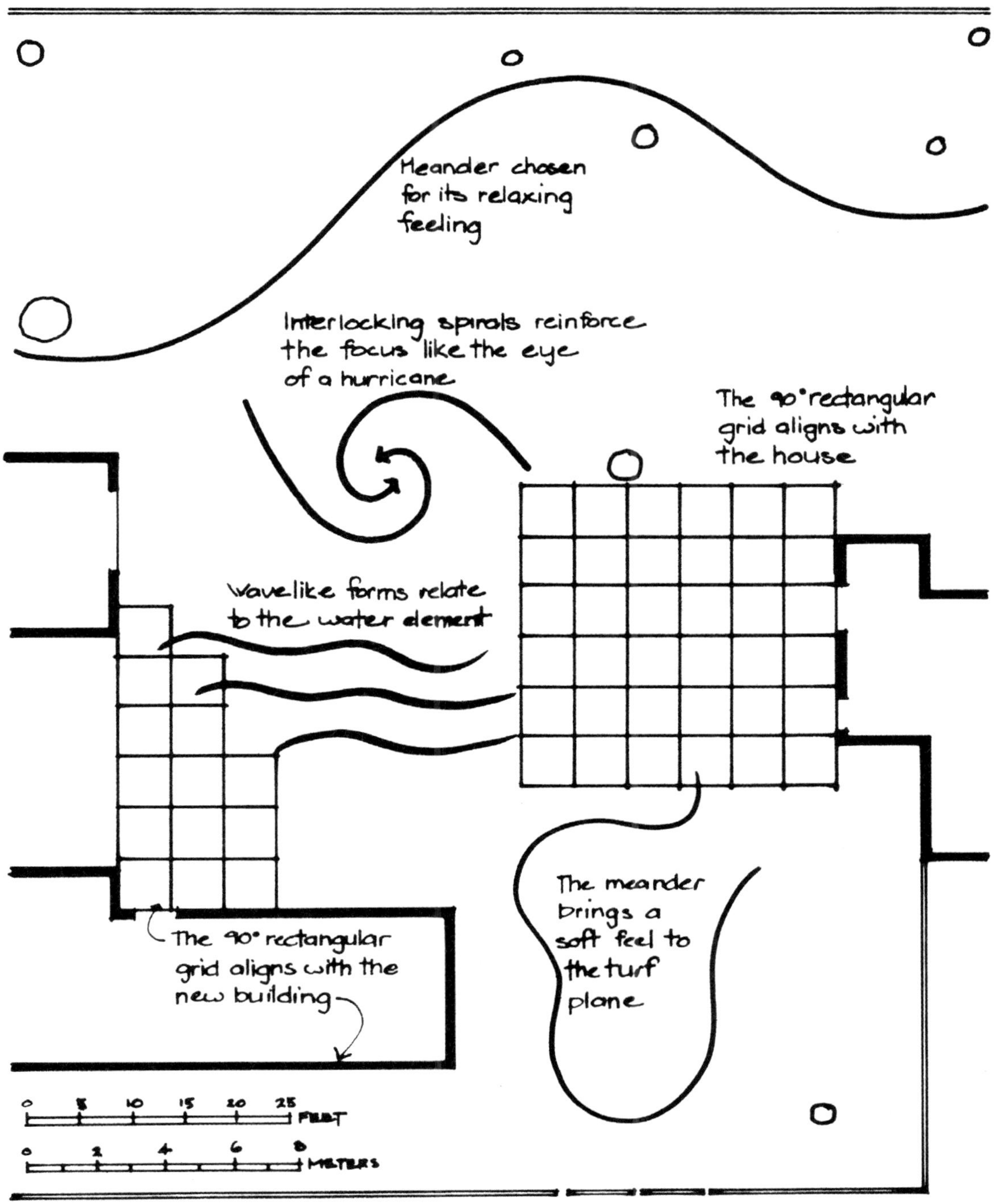

그림 6-2 은빛 아치 조각 정원, 주제 구성 다이어그램

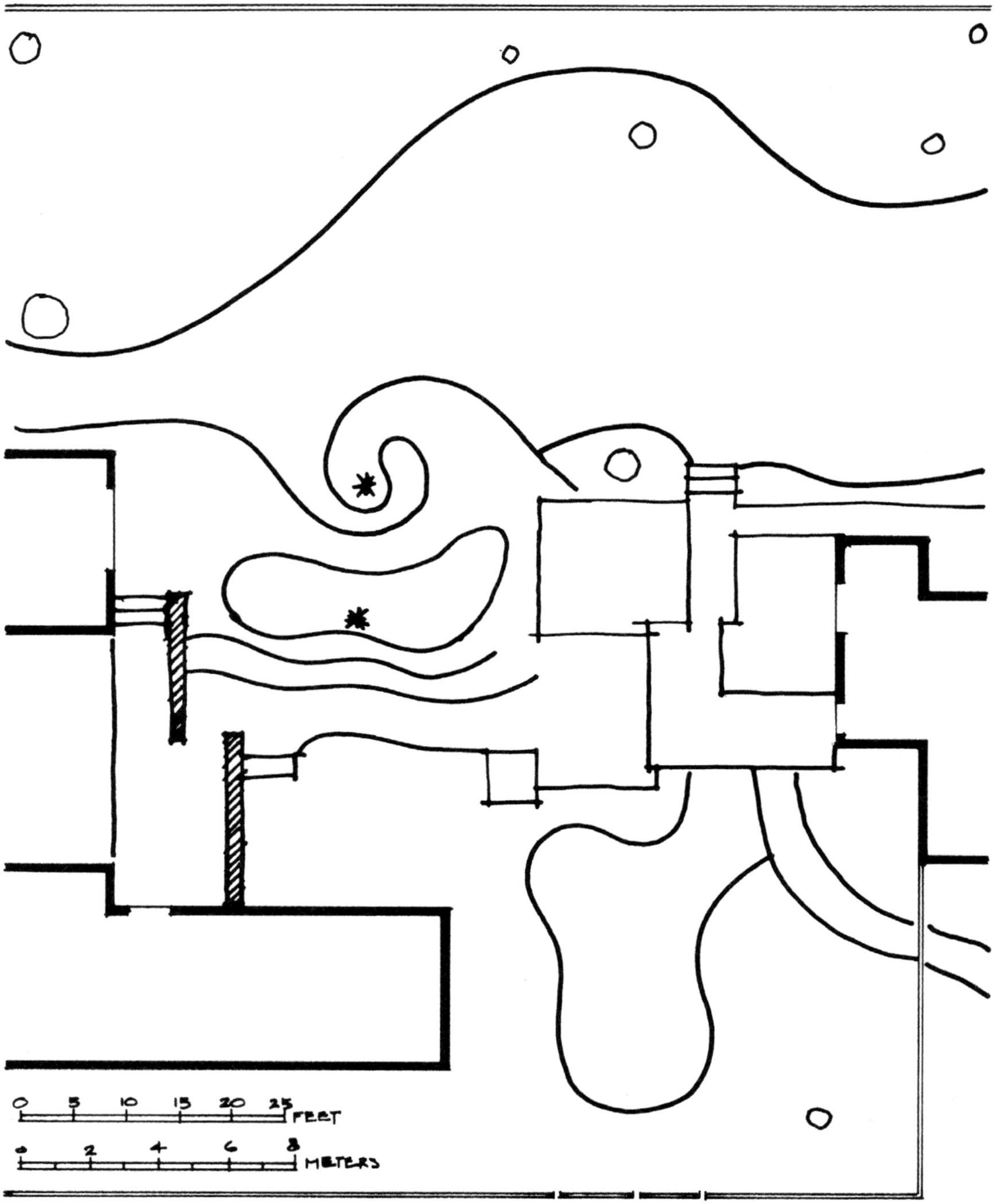

그림 6-3 은빛 아치 조각 정원, 형태 진전 다이어그램

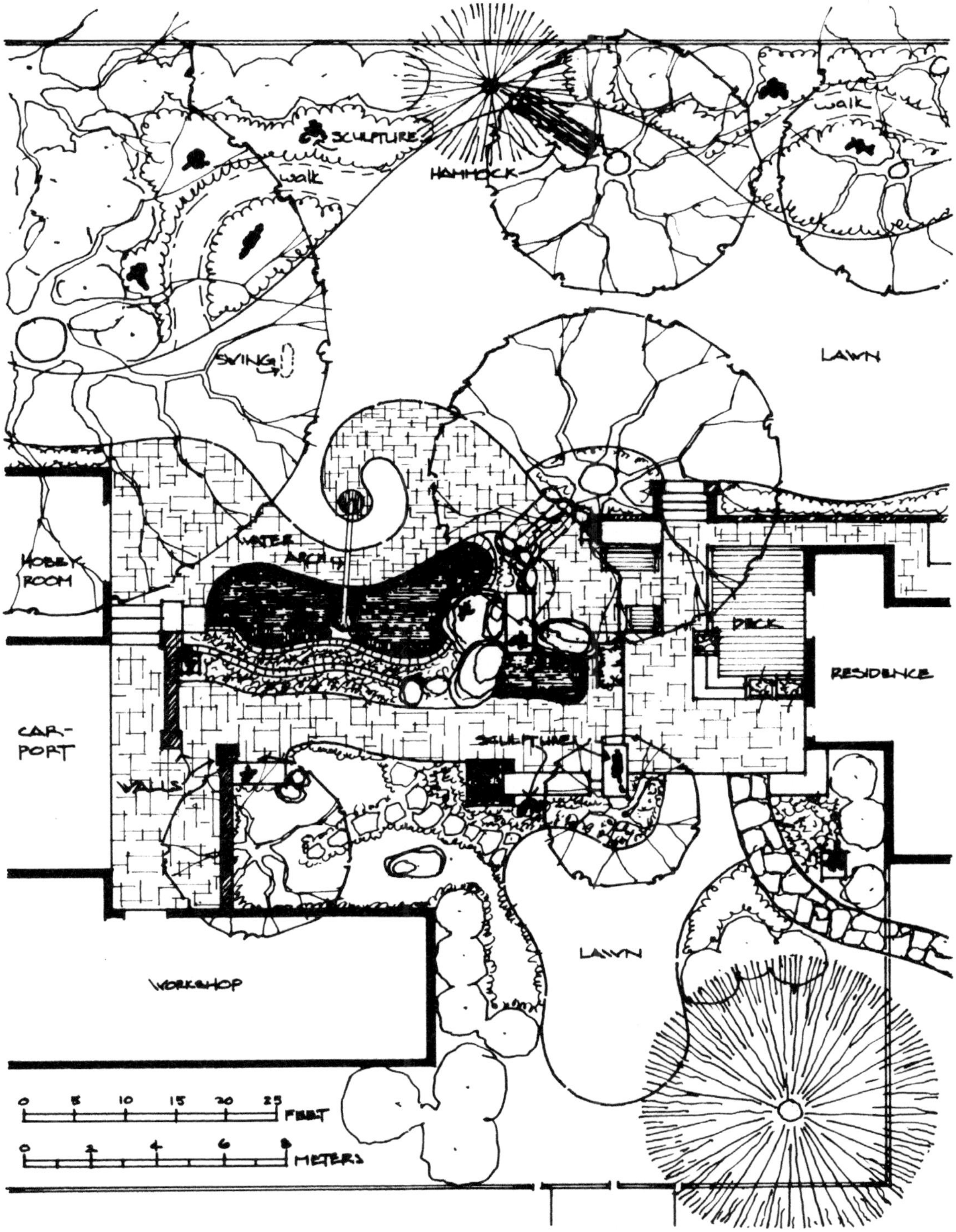

그림 6-4 은빛 아치 조각 정원, 최종 계획

그림 6-5 은빛 아치 조각 정원, 위의 발코니에서 내려다 본 경관

그림 6-6 은빛 아치 조각 정원, 취미실에서 데크를 향해 본 경관

그림 6-7 은빛 아치 조각 정원, 나선형의 중심으로부터 개구리 조각으로 층을 이루는 물의 흐름

그림 6-8 은빛 아치 조각 정원, 뒤에 있는 취미실을 향해 본 야경

| 프로젝트 2 | 원들의 전정

설계 해석

주요 목적

- 종업원들이 휴식 시간에 옥외에서 안락하게 휴식을 할 수 있는 편안한 환경의 제공
- 임시 공식 옥외 모임이나 환영 행사를 위한 공간 허용
- 높이 올라 있는 인접한 발코니나 창문에서의 흥미 있는 공중 경관의 제공
- 이동되지 않는 수영장의 재활용

구조를 이루는 주제

- 첫 번째 주제로서 원의 형태들. 여기서 원들은 위협하지 않는 정보적인 환경에서 아이디어들을 공유하는 과정을 표현하기 위해 위계 없음과 동등함을 암시해 주기 위해 사용되었다.
- 두 번째 주제로서 유기체의 가장자리

설계 원리

- 스케일 20~30명의 사람들을 수용하기에 충분하되 인간적인 척도 고려
- 대비 기본 직선의 벽과 대조되는 원형. 완충을 위한 녹지 공간 필요
- 흥미 원의 크기의 다양성과 식물 재료의 다양성
- 통일 전반적으로 응집된 분위기를 위한 원형의 반복
- 우세와 위계 부지의 중앙의 주된 초점 요소. 자연스러운 물줄기와 연못. 세 개 원의 위계는 작은 원을 이용하는 친밀한 그룹과 더 큰 원에서 일어나는 더 큰 모임의 가능

• **조화** 내부의 원형과 직선의 벽 사이에서 나타나는 시각적인 변화를 편안하게 하기 위한 식재된 완충 공간, 모든 포장 부분은 벽과 가장자리에서 90° 로 만남

• **공간 특성** 공간의 다른 사용을 위한 작은, 중간의 그리고 큰 공간의 위계. 원형극장의 효과를 내기 위한 마운딩된 원형 잔디밭. 최대한의 위요감을 주기 위하여 연못에 인접한 침상된 계단 지역

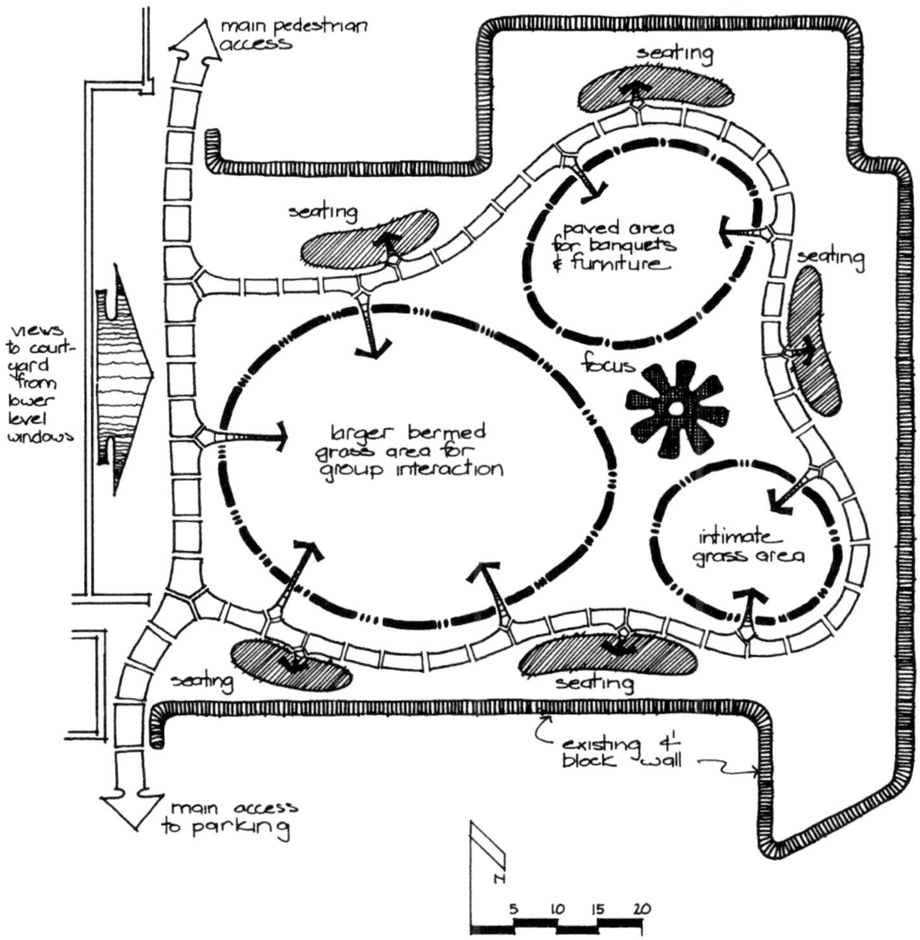

그림 6-9 원들의 전정, 개념 계획

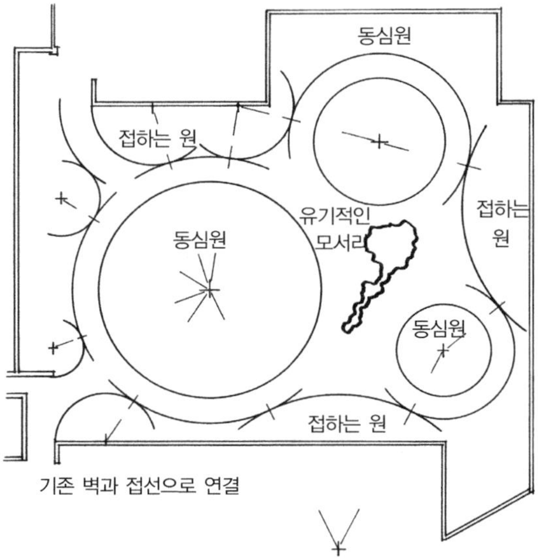

그림 6-10 원들의 전정, 주제 구성 다이어그램

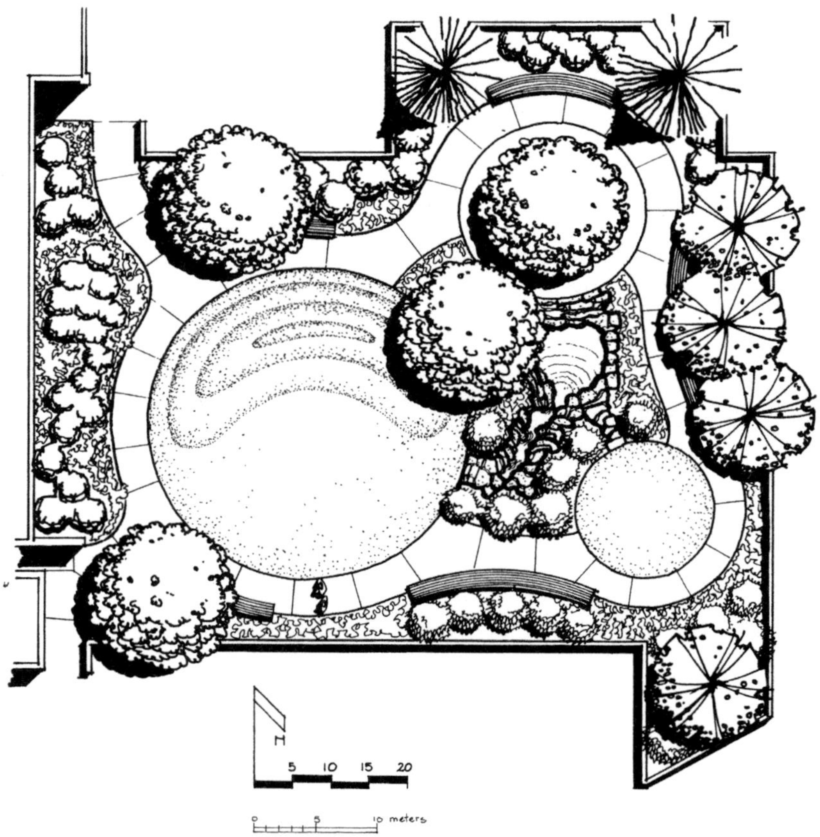

그림 6-11 원들의 전정, 최종 계획

그림 6-12 원들의 전정, 리노베이션 전 경관

그림 6-13 원들의 전정, 3층 사무실에서 내려다본 경관

그림 6-14 원들의 전정, 초점의 특징을 나타내는 물줄기

그림 6-15 원들의 전정, 두 개의 작은 원의 눈높이에서 본 경관

| 프로젝트 3 | 코너의 작은 정원

설계 해석

주요 목적

- 긴장 완화와 자유 놀이를 위해서 이용 가능한 공간의 창조
- 울타리 없이도 사생활 보장
- 테라스와 식재로 전면 비탈면의 안정화
- 기존 성목의 보존

구성을 이루는 주제

- 45°/90° 각의 격자(앞 차도와 입구)
- 90° 직각의 격자(전면 데크, 뒤뜰 중정)
- 구불구불한 형태(식재된 지역)

설계 원리

- **우세** 봄과 여름에 피는 꽃은 주요한 시각적 영향을 제공해 준다. 두 그루의 성목은 뒤뜰을 주도한다. 작은 분수 하나가 중정에 초점을 제공한다.
- **스케일** 가족 단위의 생활, 친숙한 스케일, 소그룹들
- **흥미** 식물 재료의 질감과 색채의 구성은 계절적인 흥미를 제공해 준다.
- **통일성과 조화** 실내의 방들이 옥외 생활 공간과 직접적으로 연결되어 부드럽게 다른 경관으로 흘러 들어간다. 벽돌과 나무로 된 건물의 측면 벽은 벽돌 벽, 데크, 그늘진 구조의 형태로 경관 속으로 확장되어간다. 잔디밭이 이웃의 뜰과 연결되어 있어서 전후가 단절 없이 펼쳐져 있다.

• **공간 특성** 입구는 기둥과 키를 넘는 캐노피(canopy)에 의해서 강조되어 있는 문을 통해 들어가는 급경사 지역을 내포하고 있다. 이러한 입구는 현관문에 있는 넓은 도착지점까지 레벨과 방향 변화를 통해서 진전된다. 위에 있는 생울타리(hedgerow)는 큰 공간의 외부 모서리를 한정해 주고 기존 수목은 강한 캐노피 지붕을 제공해 준다. 몇 개의 단을 가진 계단은 크고 넓은 지역과 가라앉은 중정의 친밀한 위요 공간을 연결해 준다.

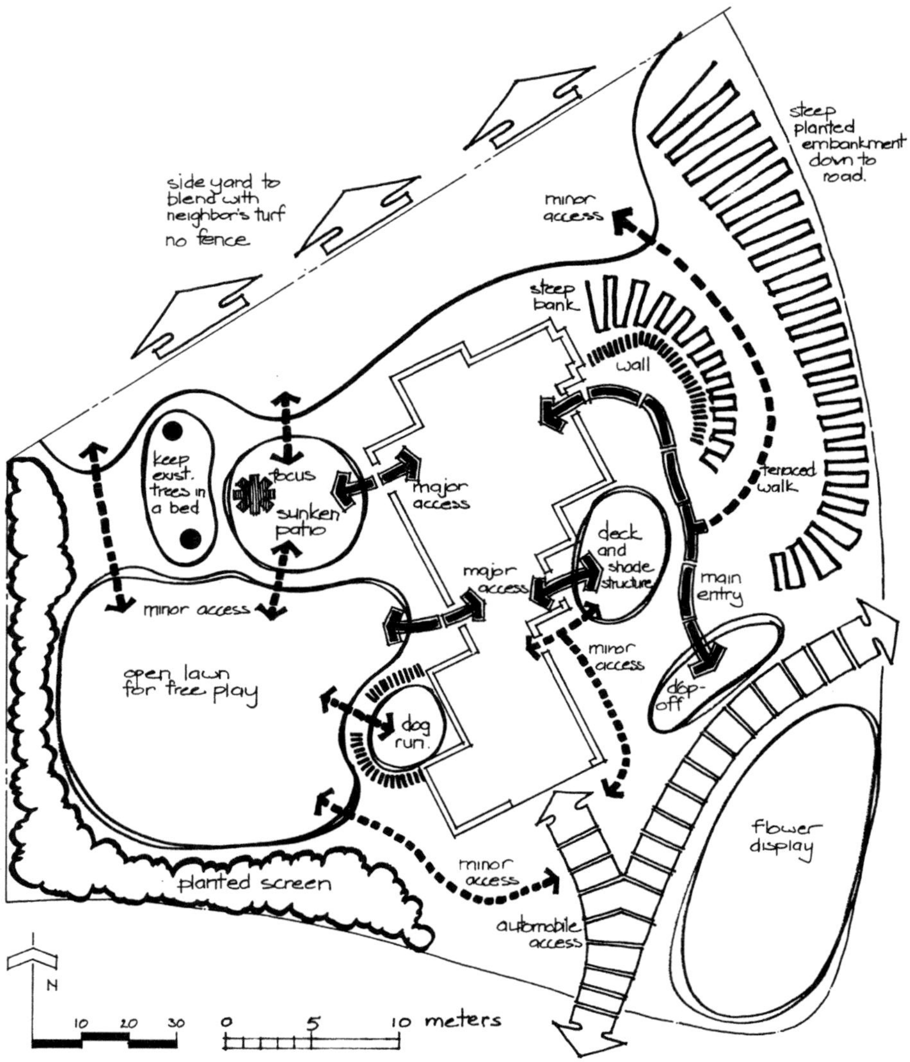

그림 6-16 코너의 작은 정원, 개념 계획

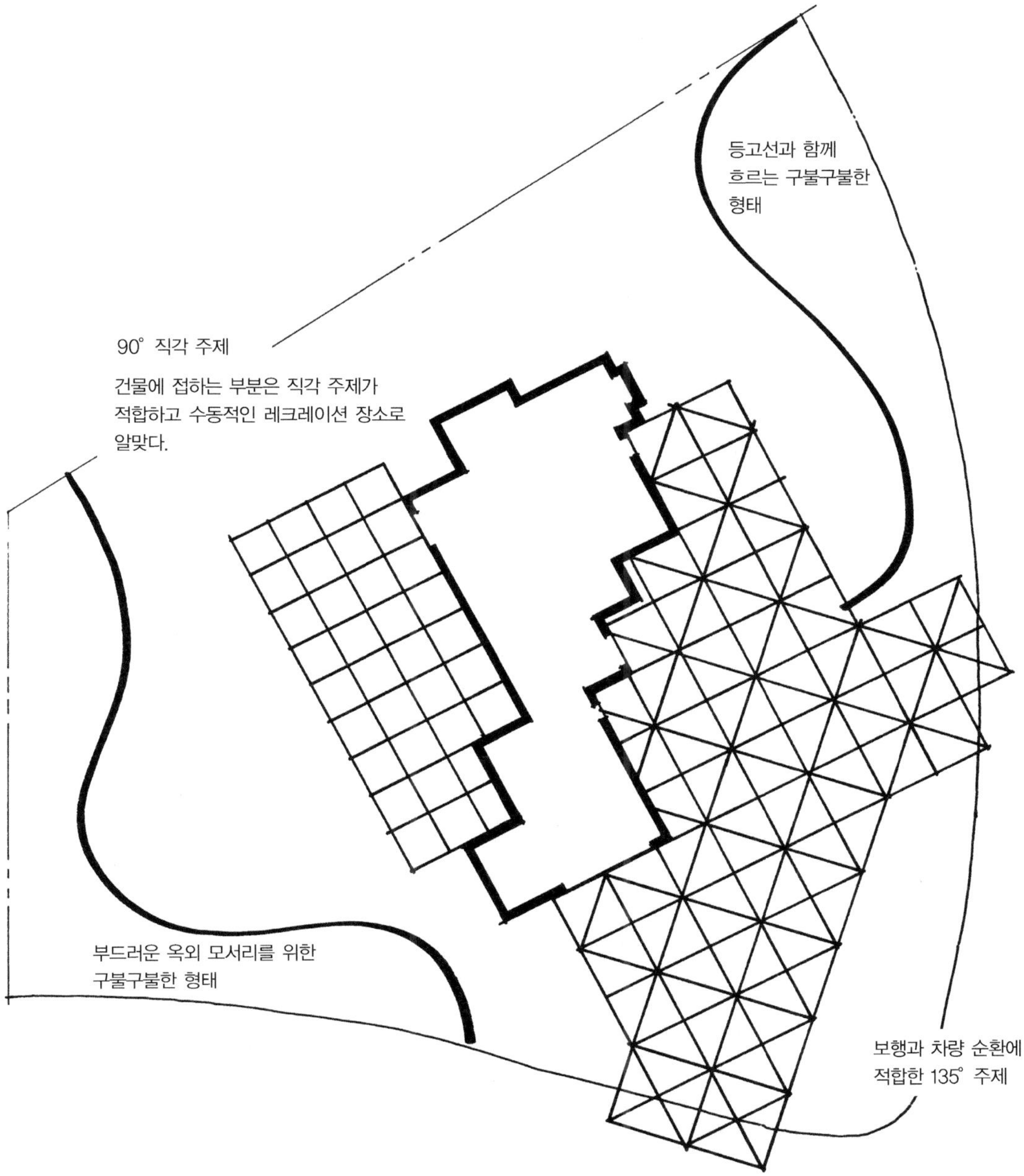

그림 6-17 코너의 작은 정원, 주제 구성 다이어그램

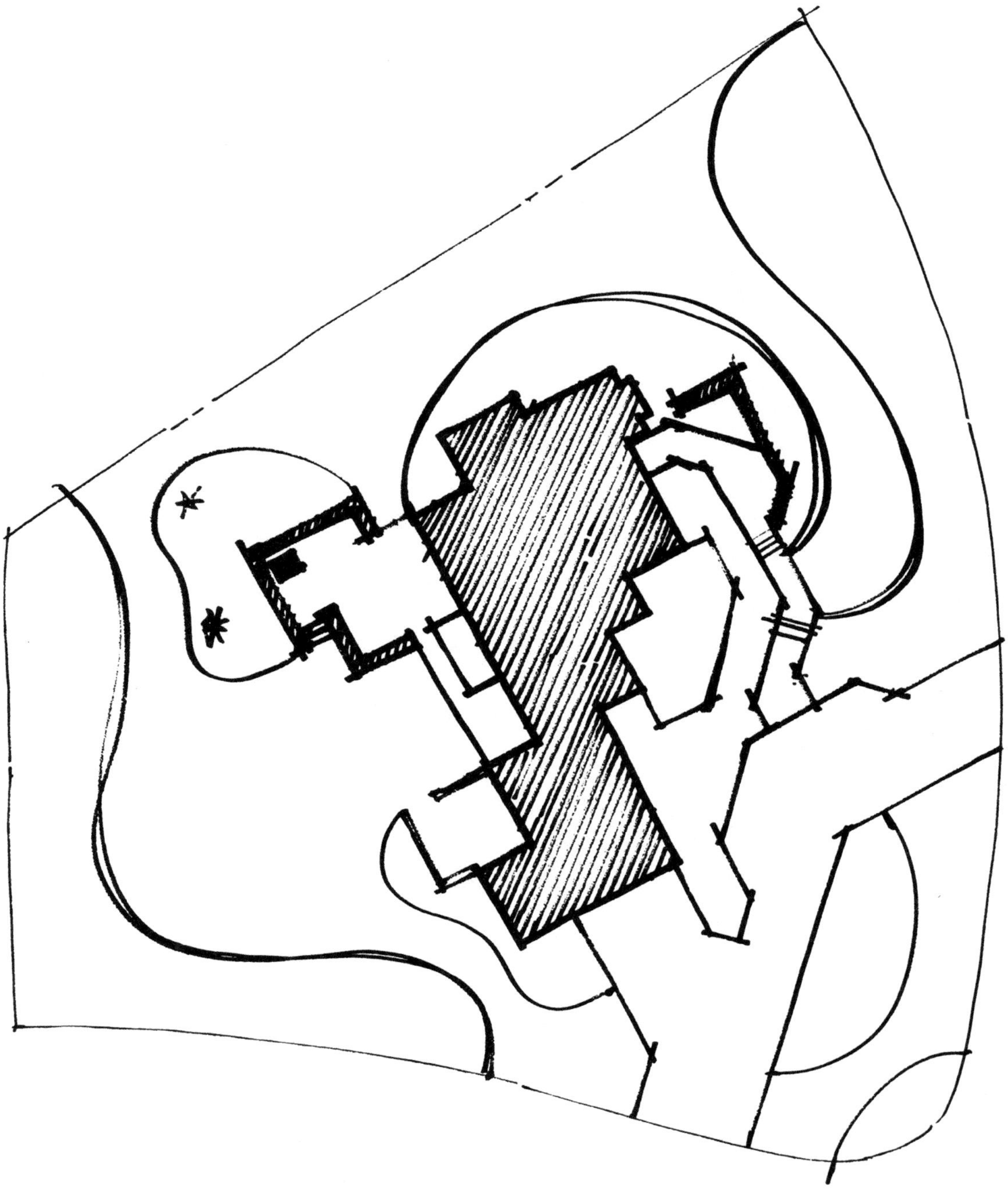

그림 6-18 코너의 작은 정원, 형태 진전 다이어그램

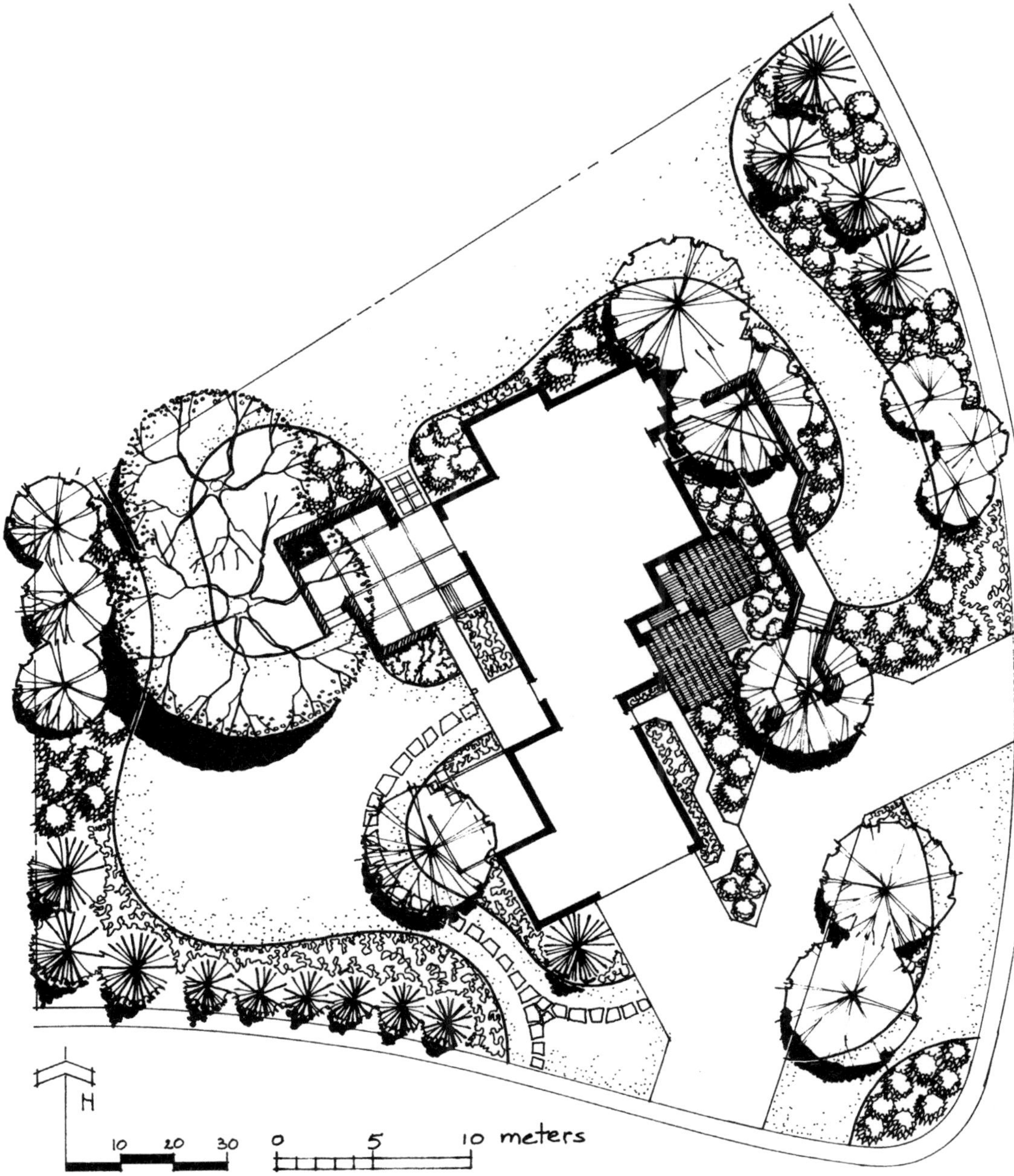

그림 6-19 코너의 작은 정원, 최종 계획

그림 6-20 코너의 작은 정원, 동쪽 도로에서의 앞부분

그림 6-21 코너의 작은 정원, 입구 보행로

그림 6-22 코너의 작은 정원, 뒤쪽 파티오

그림 6-23 코너의 작은 정원, 징검다리가 있는 뒤쪽 잔디

| 프로젝트 4 | 즐거움을 위한 풀

설계 해석

주요 목적

- 소유자의 안전과 사생활에 대한 관심사의 만족
- 동쪽에 대한 열린 조망 유지
- 작은 부지 위에 놓인 커다란 3층 건물에 의해 한정된 이용 가능한 공간의 최대한 이용
- 성공적인 상징적 건축 설계로서 경관과의 조화 융합

구조를 이루는 주제

- 1차적인 주제
    - 135° 각의 격자(뒤뜰과 호안)
    - 원과 접선(차도)
- 2차적인 주제
    - 유기체적인 가장자리(암석으로 된 벽)
    - 구불구불한 형태(잔디 경계 처리)

설계 원리

- **우세** 주조색으로서의 백색. 우세 요소로서 다양한 형태와 온도의 물을 사용. 떨어지는 물의 소리와 부서짐에 의해서 제공되는 초점적인 흥미
- **스케일** 건물의 압도적인 규모로부터 앞 출입구와 뒤 레크레이션 장의 인간적 척도까지의 변화를 창조하는 대형 교목

- **대비** 하얀 건축적인 요소와 어두운 자연적인 요소 사이의 강한 가장자리의 대비(돌, 식물, 멀칭된 지면)
- **흥미** 차일과 중정 장치물에서 나타나는 옅은 자주색의 하이라이트. 수경관의 다양성(파도, 폭포, 반사, 연못에서 일어나는 안개). 계절에 따른 꽃 색의 변화. 초점 지역과 지붕 선을 강조하기 위한 경관 조명
- **통일** 건물의 직각선과 대각선은 인조 경관 요소의 구조로 연결된다.
- **공간 특성** 차도와 차를 위한 공간은 넓은 선회 지역으로 흘러가면서 좁은 입구에서부터 변화를 가져온다. 입구는 급경사 지역으로 연결되면서 위로 웅대한 계단들이 계단까지 놓여 있고 위요된 로비 안까지 놓여 있다. 놀이 지역은 친밀하게 만들어진 공간을 제공하기 위하여 제2의 레벨 데크를 이용한다. 뒤뜰은 높은 건물의 전면과 암석 절벽 때문에 호수 쪽 방향으로 강한 공간적 방향성을 가진다. 백색은 공간을 보다 크게 느끼도록 해준다. 보다 작고 친밀감을 주는 부분적으로 위요된 공간은 절벽 반대쪽에 있고 연못 쪽인 남쪽을 향해 있다. 물가로 내려가는 미묘한 레벨의 변화는 외부로의 방향성을 강화시켜 준다. 포장된 낮은 공간으로부터 높은 잔디 놀이 지역까지의 좁고 불규칙한 계단으로의 연결이 사람들에게 호기심을 유발시켜 준다.

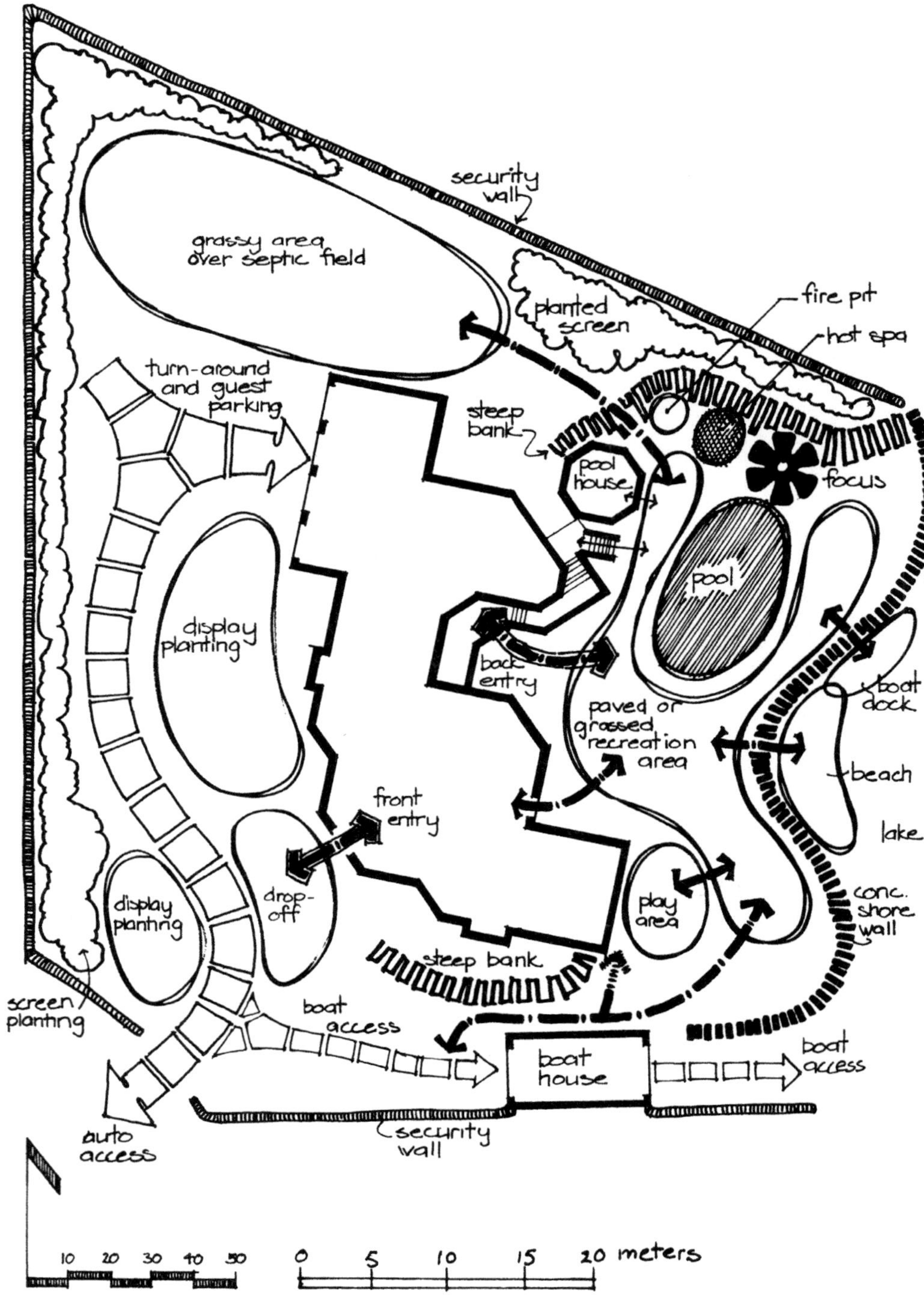

그림 6-24 즐거운 풀, 개념 계획

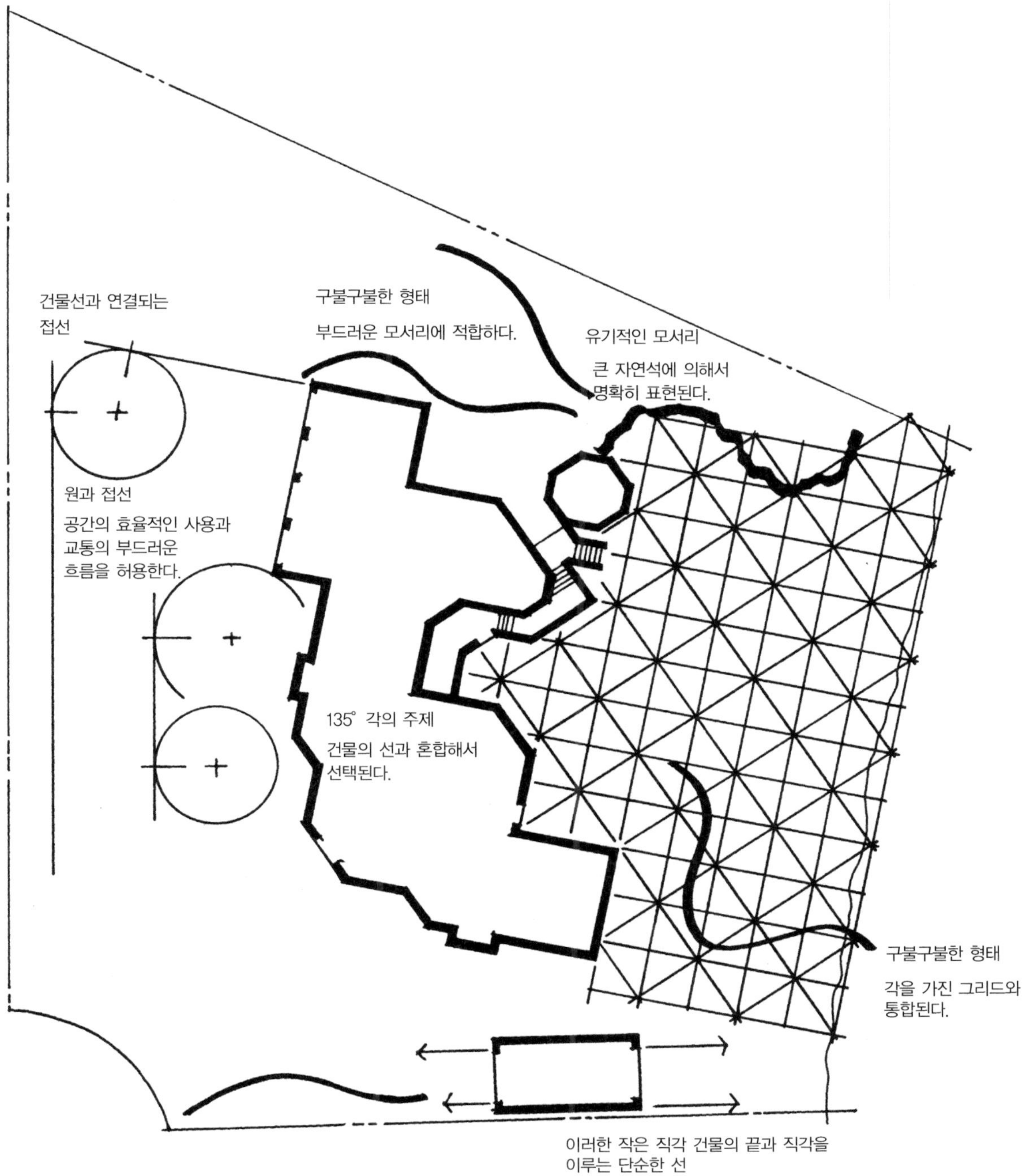
건물선과 연결되는
접선
구불구불한 형태
부드러운 모서리에 적합하다.
유기적인 모서리
큰 자연석에 의해서
명확히 표현된다.
원과 접선
공간의 효율적인 사용과
교통의 부드러운
흐름을 허용한다.
135° 각의 주제
건물의 선과 혼합해서
선택된다.
구불구불한 형태
각을 가진 그리드와
통합된다.
이러한 작은 직각 건물의 끝과 직각을
이루는 단순한 선

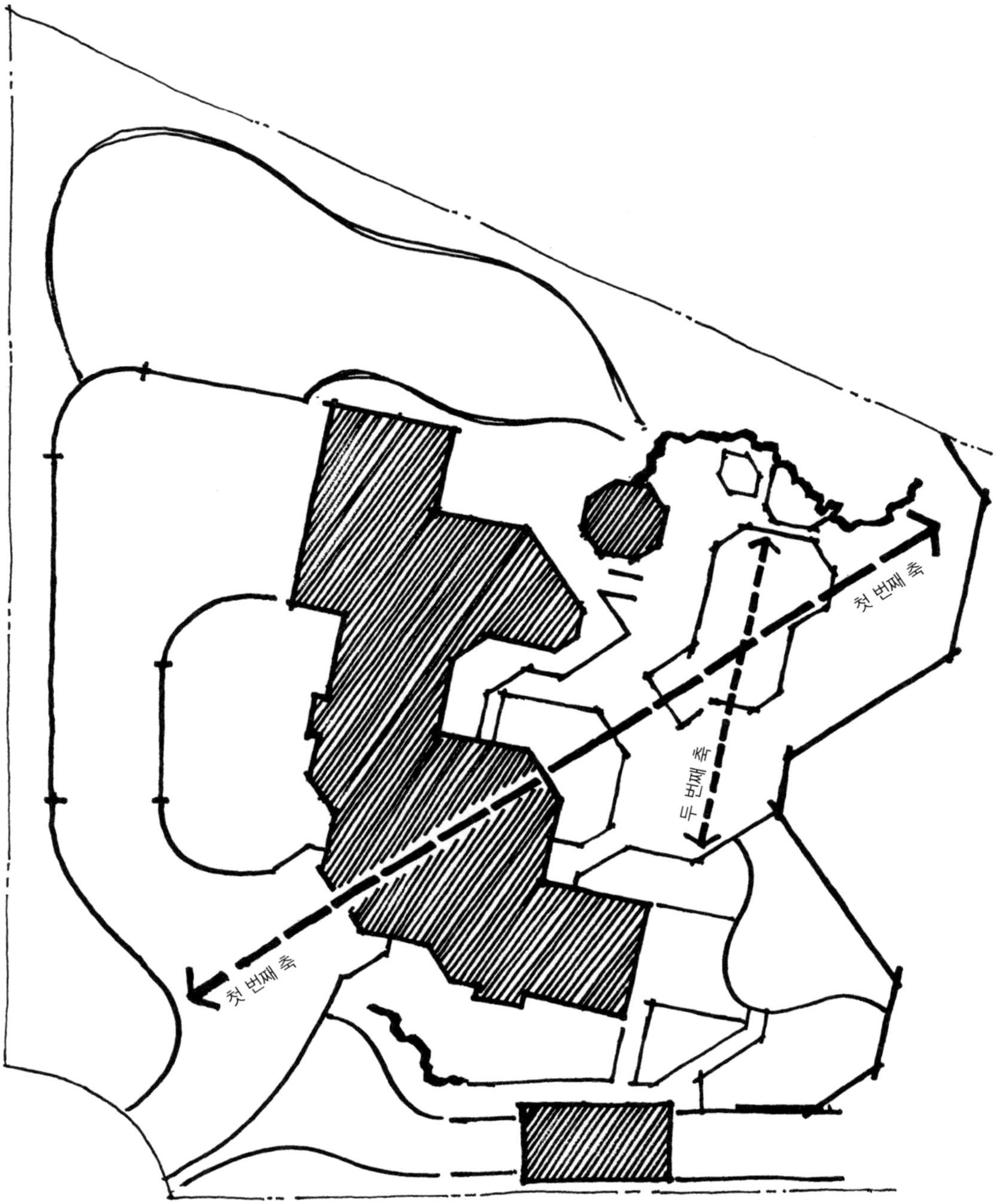

그림 6-26 즐거운 풀, 형태 진전 다이어그램

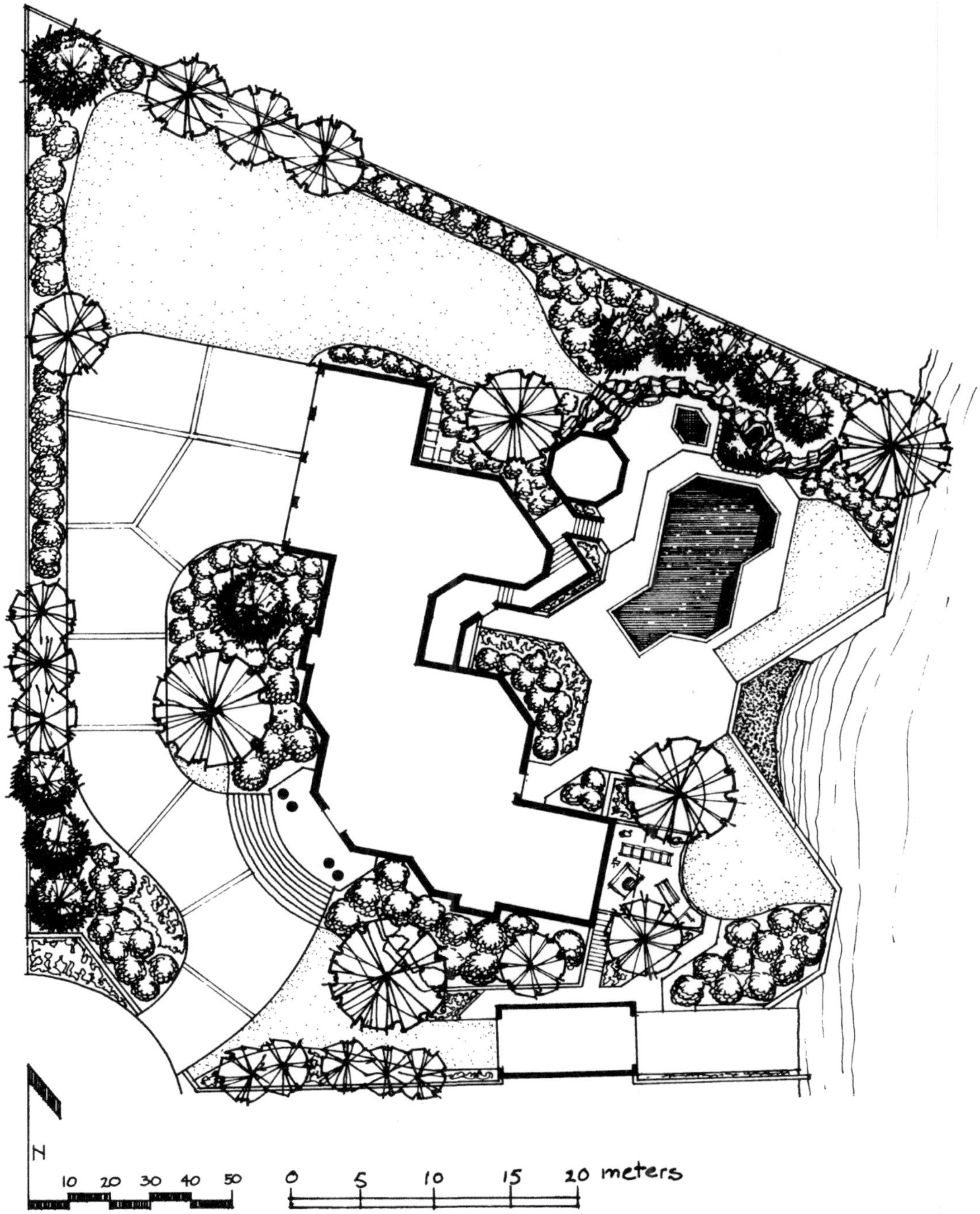
N
10 20 30 40 50
0 5 10 15 20 meters

그림 6-28 즐거운 풀, 드라이브 길

그림 6-29 즐거운 풀, 내려다 본 수영장

그림 6-30 즐거운 풀, 뜨거운 스파(앞쪽)와 차가운 풍덩 풀(왼쪽)

그림 6-31 즐거운 풀, 주요 풀장 북쪽의 폭포와 바위

| 프로젝트 5 | 쑤꾸바이(일본 정원의 다실 입구에 있는 손을 씻는 시설) 대화

설계 해석

주요 목적

- 소유자와 동양인 비즈니스 동료들 사이의 대화를 위한 장소 창조
- 평화, 고요, 조용함의 느낌 창조
- 바위, 식물, 지형, 물과 통나무 원통 같은 자연 재료의 강조
- 자연스럽게 강에서 풍화된 돌과 직각으로 자른 돌을 통합함으로써 인간과 자연 사이의 조화의 아이디어를 나타냄
- 흐르는 물을 나타내기 위하여 하얀 자갈을 사용하고 항상성을 나타내기 위하여 상록수를 사용함으로써 시간의 경과와 영구성을 상징화

구성을 이루는 주제

- 1차적인 주제
  - 유기체적인 가장자리(옥석, 디딤돌, 물줄기)
  - 구불구불한 형태(통나무 원통 벽, 잔디밭 가장자리)
  - 90° 직각의 격자(다리를 이루는 돌)
- 2차적인 주제
  - 육각형(석등)
  - 원형(쑤꾸바이 수반)

설계 원리

- 우세 앉기 위한 바위로서의 둥근 돌. 강한 시각적 초점과 조용한 소리 효과를 주는 기교를 부르는 물. 작은 석등으로 강조된 입구

• **스케일** 친근한 스케일, 한두 명의 사람

• **대비** 짙은 회색 바위들 옆에 물을 상징하는 하얀 자갈, 매끄럽고 둥근 돌을 가로지르는 직각 석판으로 된 다리, 큰 바위 옆의 고운 질감의 작은 조약돌

• **흥미** 식물 재료에 있어서 질감과 형태의 변화, 봄과 가을의 색채 변화와 계절적인 변화

• **통일** 돌을 섞어 짜고 통일시키는 요소로서의 물줄기와 산책로. 매끄럽게 마모된 돌의 반복

• **공간 특성** 보다 넓은 포장도로가 끝나는 지점에 연결되는 좁은 입구. 계단과 테라스에 의한 레벨 변화

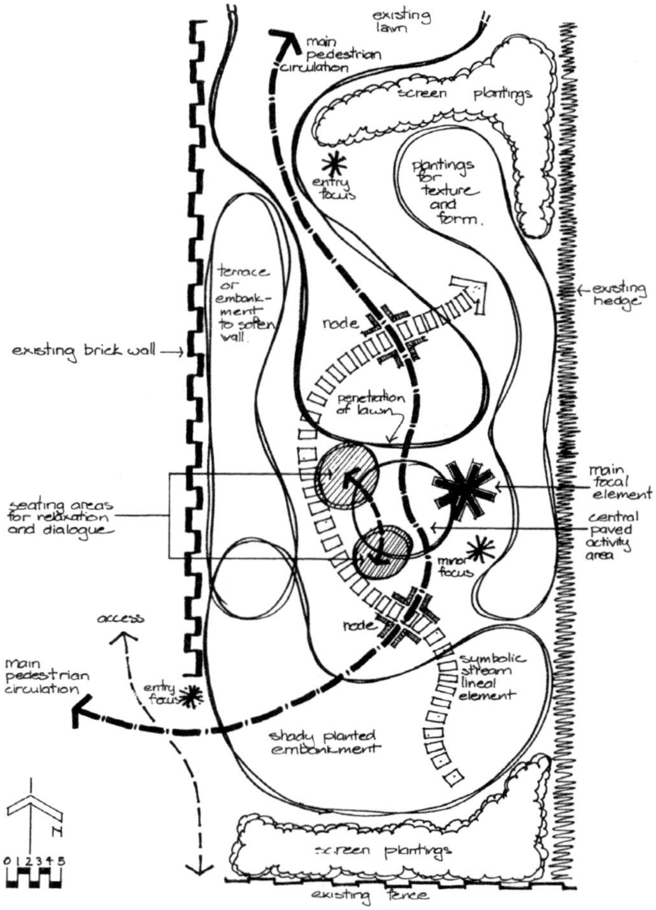

그림 6-32 쑤꾸바이 대화, 개념 계획

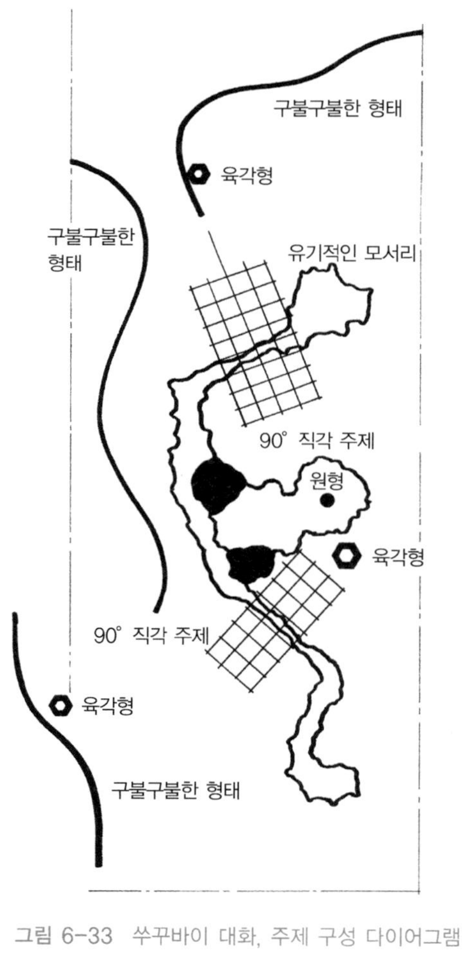

그림 6-33 쑤꾸바이 대화, 주제 구성 다이어그램

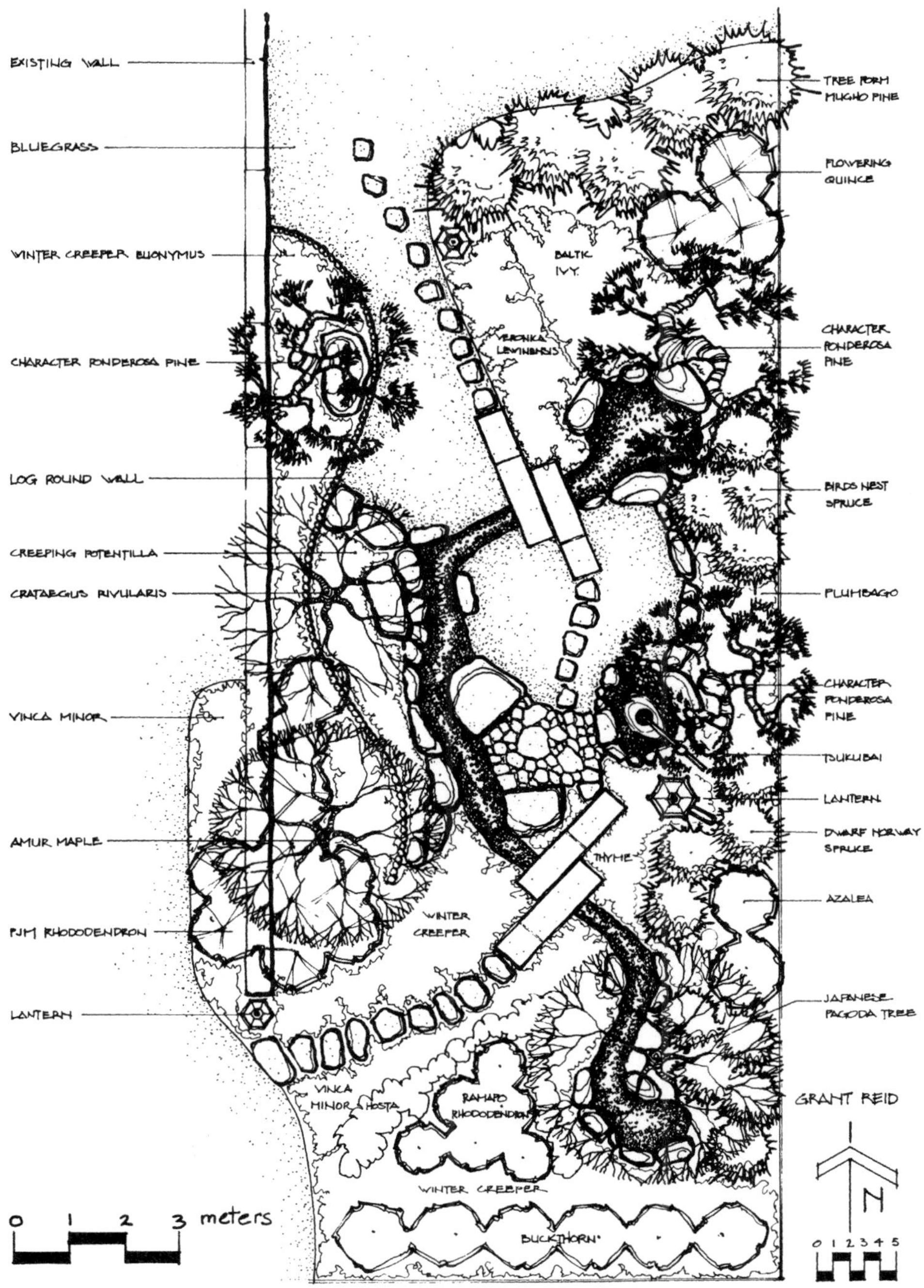

그림 6-34 쑤꾸바이 대화, 최종 계획

그림 6-35 쑤꾸바이 대화, 시공 중 경관

그림 6-36 쑤꾸바이 대화, 남쪽으로부터 본 경관

그림 6-37 쑤꾸바이 대화, 쑤꾸바이(앞)가 있는 부지의 중심공간과 회합을 위한 바위들

그림 6-38 쑤꾸바이 대화, 하얀 상징적인 물줄기와 함께 북쪽에서 본 경관

| 프로젝트 6 | 캐노피된 은신처

설계 해석

주요 목적

- 거리에서 정문까지의 편안한 연결
- 격리되어 그늘진 은둔 정원의 제공
- 유실수의 결합

구성을 이루는 주제

- 120° /육각형 격자(데크와 뒤뜰)
- 90° 직각의 격자(침상된 중정)
- 구불구불한 형태(앞 화단과 차도)
- 자유로운 나선형(앞의 보행로)

설계 원리

- **우세** 그늘진 구조가 뒤뜰에 우세한 초점을 제공해 준다. 작은 분수가 은둔 정원에 두 번째 초점이 된다.
- **스케일** 가족 단위 스케일의 강조. 2~4사람을 위하여 설계된 두 개의 친밀한 공간
- **리듬** 각진 포장 재료의 반복 사용은 데크와 은둔 정원 사이를 리듬 있게 연결한다.
- **흥미** 가장자리 방향각의 변화는 후면 공간에 동적인 느낌을 가져다준다. 식물은 형태와 색채의 다양성을 더해 준다.
- **통일과 조화** 뒤뜰은 삼각 격자의 반복적인 각으로 통일되어 있다. 구불구불하게 흐르는 선은 전정(front yard) 공간과 요소들을 연결시켜 준다. 건물과 경관 요소

의 연결은 강한 각으로 결합된다. 식재된 부분은 앞에 있는 커브와 사각 형태 사이의 변환을 부드럽게 해준다.

- **공간 특성** 입구 보행로는 두 개의 연속된 층계로 'S' 형태로 경사진 전정에 흘러 들어간다. 보행로는 시작과 끝 지점에서 그러한 느낌을 주기 위하여 확장된다. 뒤에 있는 차폐 식재와 담장은 더 큰 옥외 공간을 형성하게 해준다. 더 높은 수준의 위요 공간이 높은 그늘 구조와 생울타리(hedge)를 더함으로써 은둔 정원에 형성된다. 지붕 차일이 작은 공간의 한 가장자리에서 더 높은 수준의 위요 공간을 형성하기 위하여 나선형으로 내려온다.

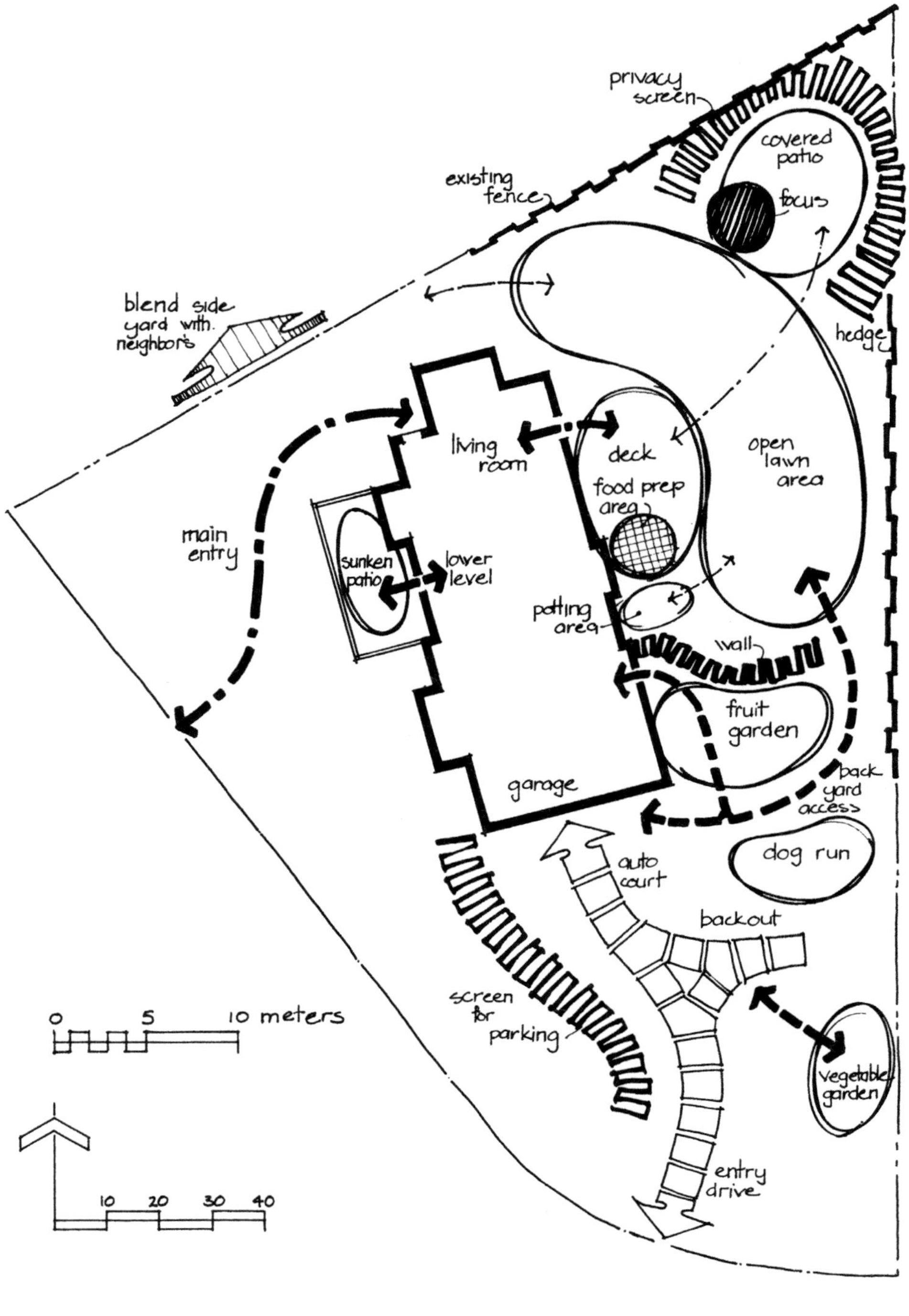

그림 6-39 캐노피된 은신처, 개념 계획

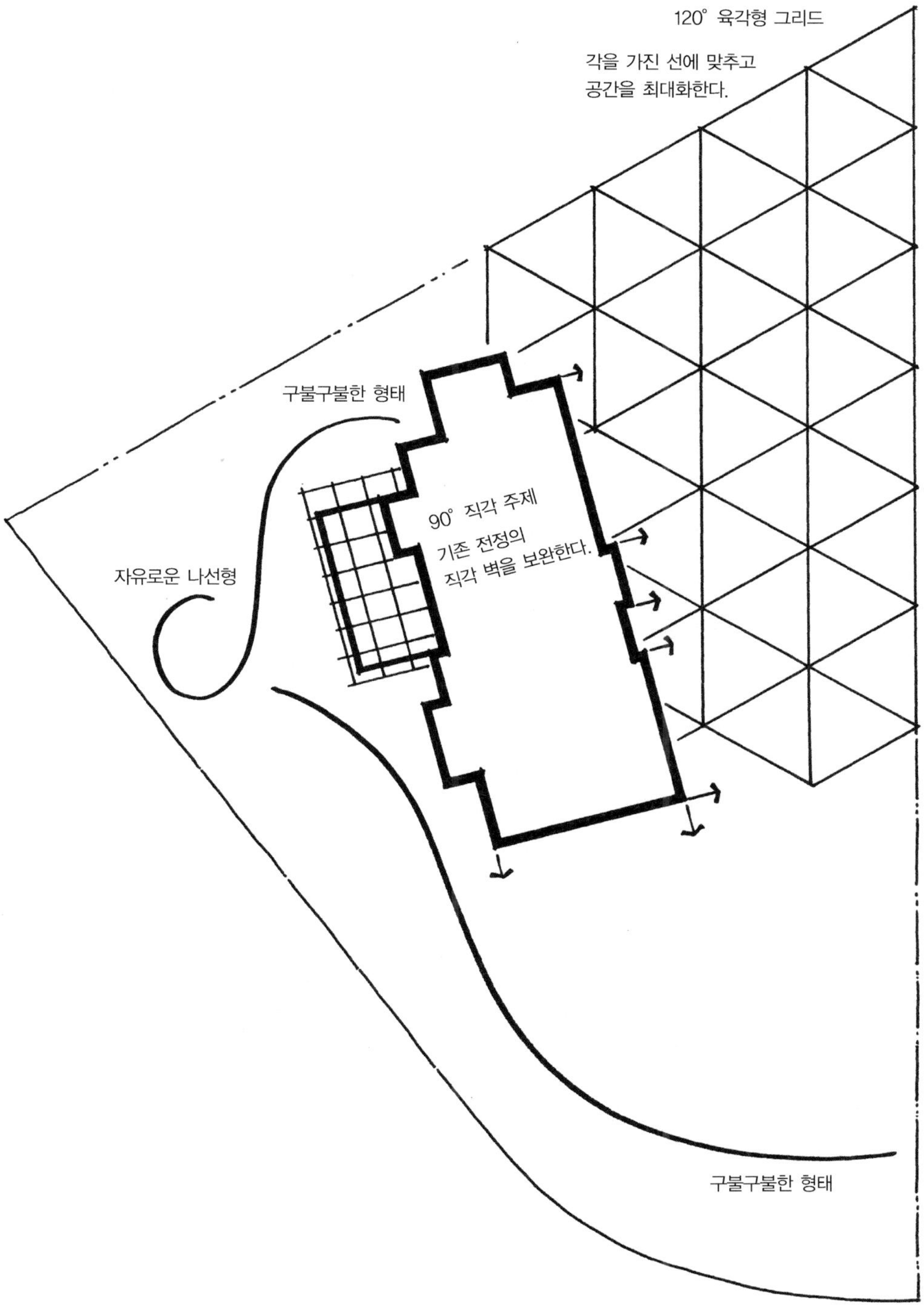

그림 6-40 캐노피된 은신처, 주제 구성 다이어그램

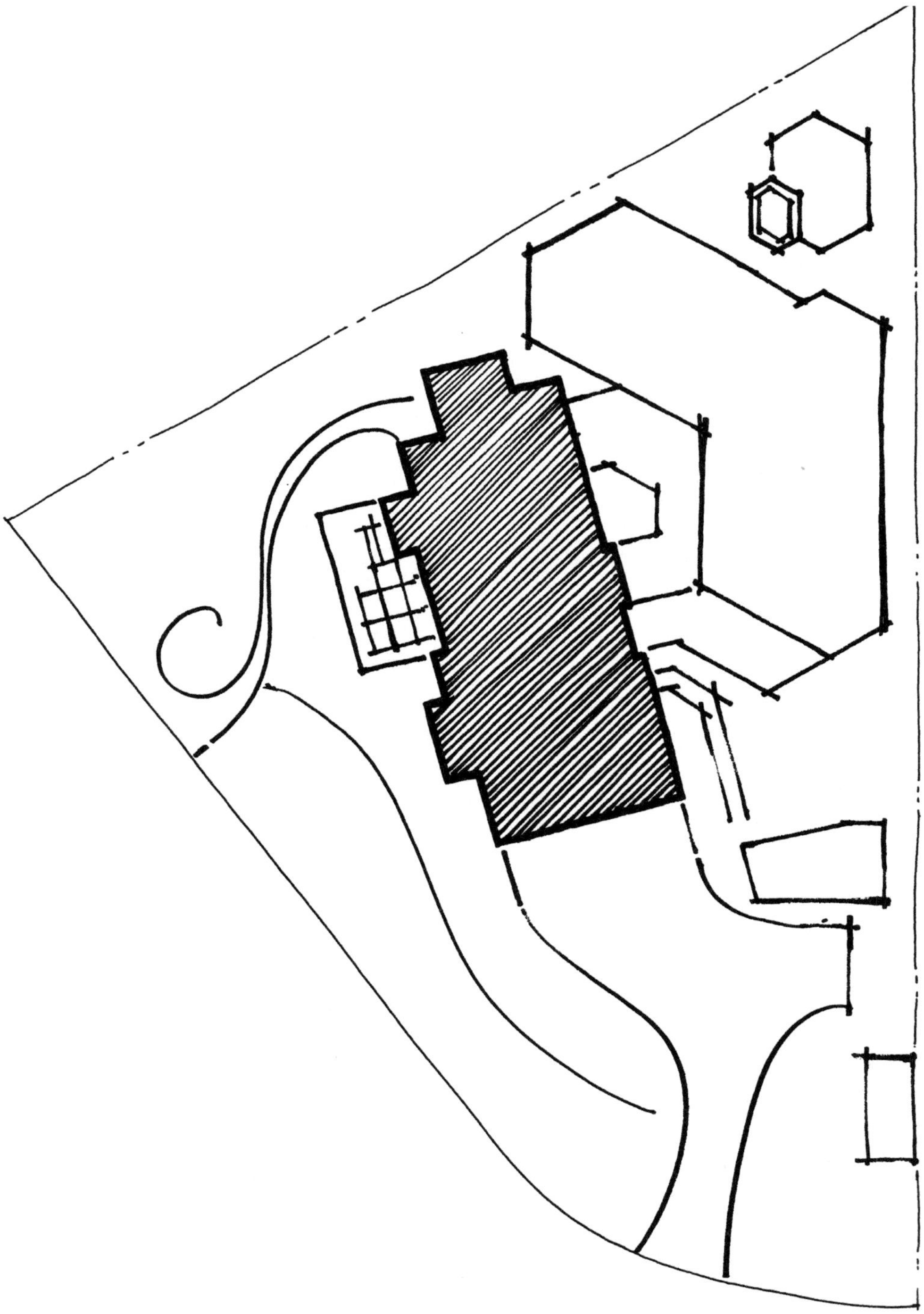

그림 6-41 캐노피된 은신처, 형태 진전 다이어그램

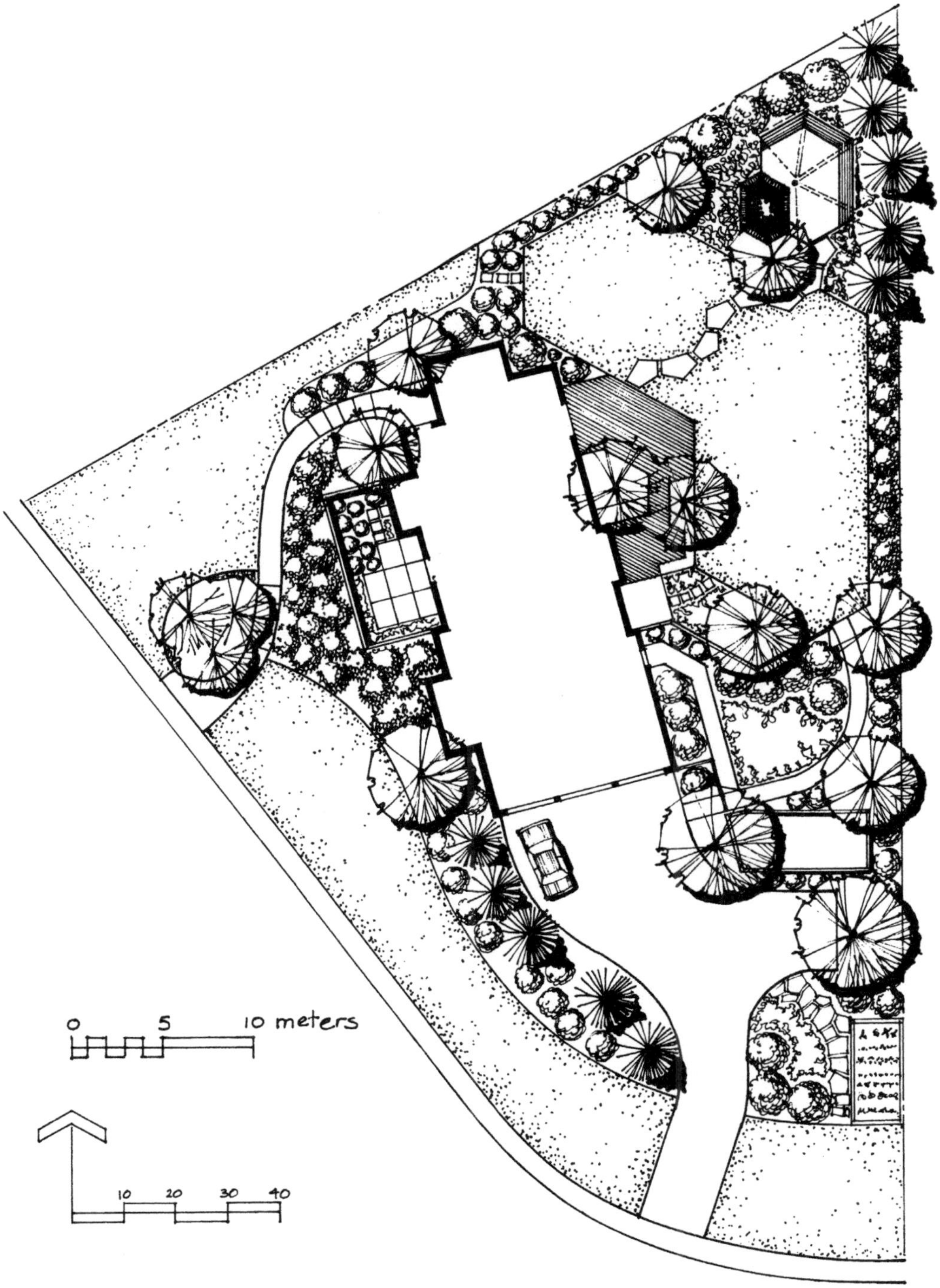

그림 6-42 캐노피된 은신처, 최종 계획

그림 6-43 캐노피된 은신처, 앞 입구 보행로

그림 6-44 캐노피된 은신처, 각을 가진 뒤의 데크

그림 6-45 캐노피된 은신처, 후원의 조망(북쪽 모서리)

그림 6-46 캐노피된 은신처, 분천이 있는 은신처 파티오

설계 해석

주요 목적

- 긴장 완화와 즐거움을 위한 옥외 생활 공간 창조
- 흥미 있는 수직적 경험의 기회를 제공하기 위한 외부 문으로부터 지표면까지 상당한 높이 차(2m) 포함하기
- 새로 조성된 호수 가장자리에 생기는 부가적인 지표면 이용하기
- 호수 너머로 보이는 경관 최대화하기
- 수상 활동과 수변 활동 연결하기

구조를 이루는 주제

- 135° 팔변형의 주제(건축선이 확장되는 건물 주변)
- 원의 분할 주제(낮은 레벨의 주요 데크)
- 원 위의 원 주제(지표면 레벨의 중정)
- 반복된 135° 팔변형의 주제(보트와 수영 도크)

설계 원리

- **공간 연속성과 연결** 위의 데크는 작고 친밀한 공간이다. 왼쪽에 있는 뜨거운 물통 데크는 높은 프라이버시와 위요감을 보이고 있다. 오른편의 온탕을 위한 데크는 시야 바깥에 있다. 은혜로운 계단은 지표면으로 수렴되고 더 크고 개방된 중앙의 즐거움을 주는 데크로 연결된다. 두 개 더 있는, 마당으로 내려가는 계단은 식재에 의해서 분리되어 부분적으로 중정의 형태이며 동반하는 옥외 방이다. 전반적으로 건물은 그라운드 평면의 잔디 가장자리와 만나기 위하여 캐스캐이드 같은

경관 형태로 확장된다. 이러한 평평한 면은 확장하는 호수면의 전주곡이다. 호수를 탐방하는 방문객들을 손짓하는 것은 작은 팔변형의 보트 도크이다. 이러한 디자인은 부지와 함께 모든 것을 연결한다 - 건물 사이의 연결과 옥내와 옥외 행위의 연결, 부지와 부지의 연결.

- **강조** 가장 시선을 끄는 변화는 조명의 질과 함께 호수 그 자체이다. 더 작은 내부적인 초점 요소들은 중정 뒤에 있는 점진적이고 건축적인 분수 형태와 중앙 부근의 불구덩이에 있다. 반 원형 데크는 주변에 다른 공간들이 연결되는 우세한 중앙 구조물이다.
- **스케일** 다른 공간들이 20명 이상이 사용할 수 있는 반면에 작은 공간들은 2~4명의 사람들을 위해 디자인된다.
- **흥미** 공간 스케일의 위계에 덧붙여서 조금씩 다르게 조성된 형태의 다양성은 역시 경관에 흥미를 가져온다. 감각의 다양성은 음향으로부터 오고 분수로부터 느껴 진다.
- **통일** 건물 앞면으로부터 경관 구조물까지의 재료와 색채의 반복은 구성을 통일시켜 준다.
- **조화** 다른 형태 간 순환의 부드러운 흐름뿐만 아니라 강한 연결이 있다. 반원은 직선으로부터 구부러진 선으로의 조화로운 전이를 용이하게 해준다. 잔디면과 호수면 같은 유사한 면들이 평화로운 관계성 속에서 공존하고 있다.

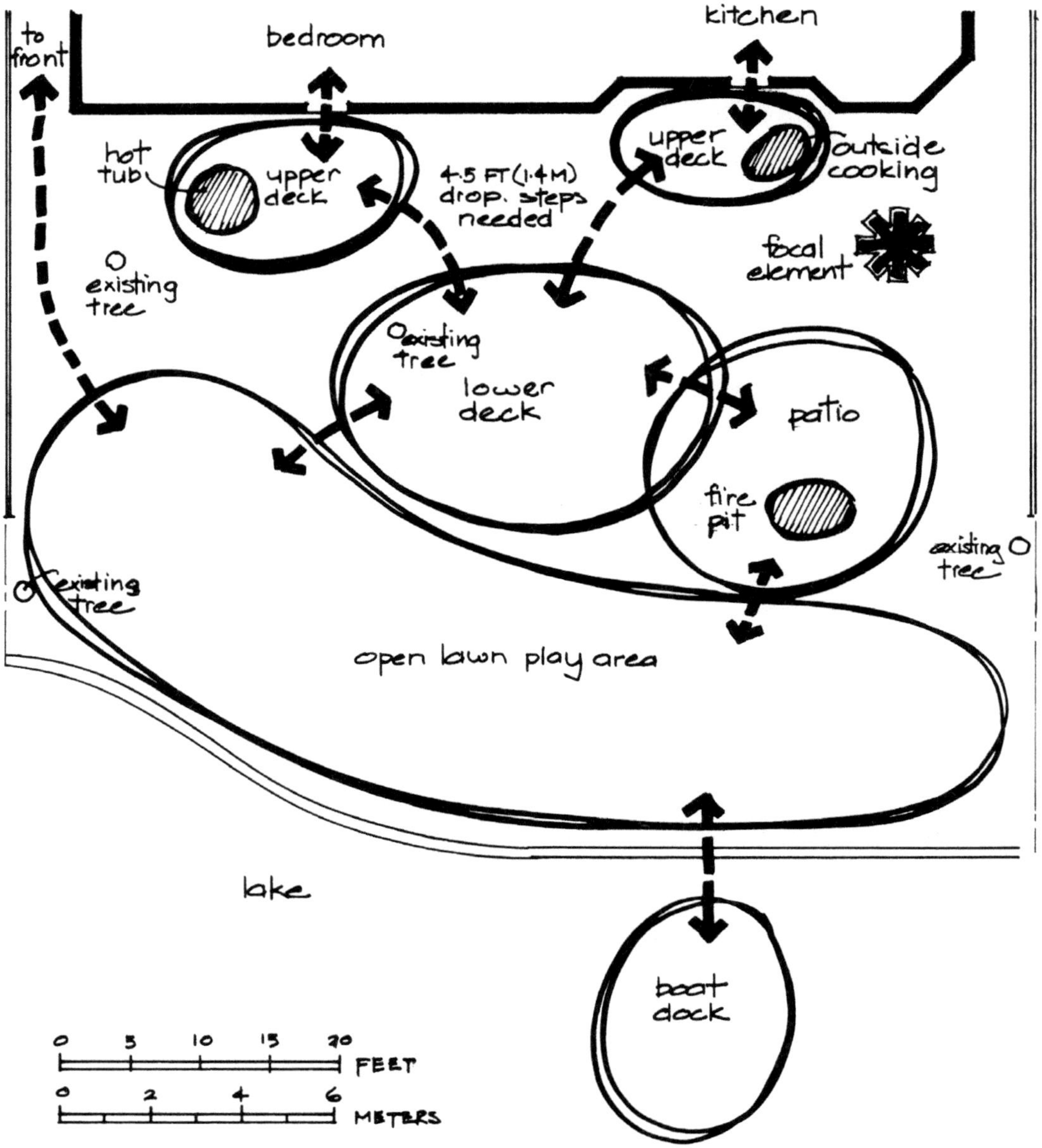

그림 6-47 단의 연결, 개념 계획

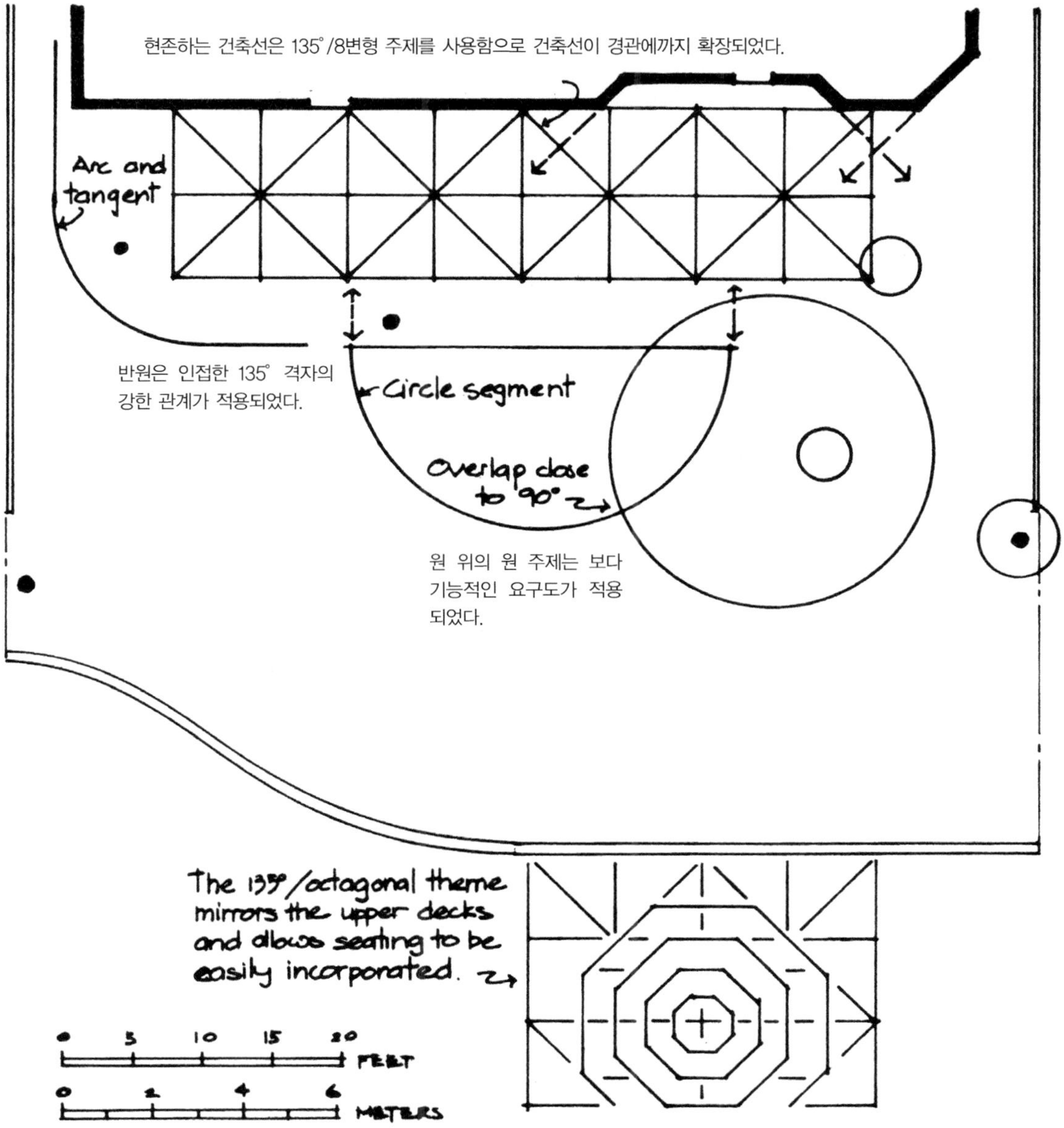

그림 6-48 단의 연결, 주제 구성 다이어그램

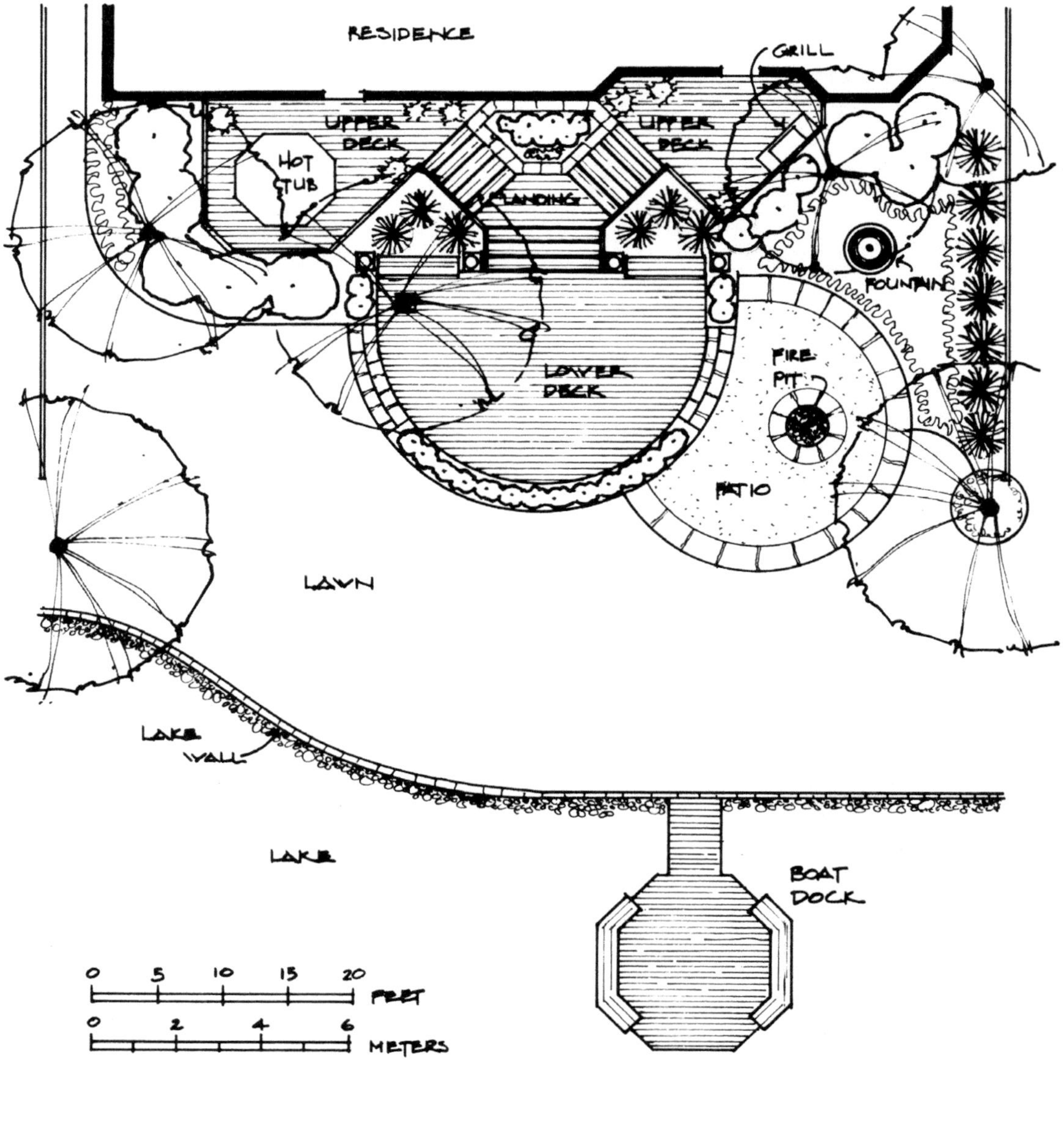

그림 6-49 단의 연결, 최종 계획

그림 6-50 단의 연결, 뜨거운 욕조 데크로부터 본 경관

그림 6-51 단의 연결, 불구덩이로부터 본 경관

그림 6-52 단의 연결, 주요한 즐거움을 위한 데크 경관

그림 6-53 단의 연결, 그늘진 낮은 파티오

그림 6-54 단의 연결, 보트 도크

그림 6-55 단의 연결, 보트 도크로부터 본 경관

부록

90° 직각 패턴

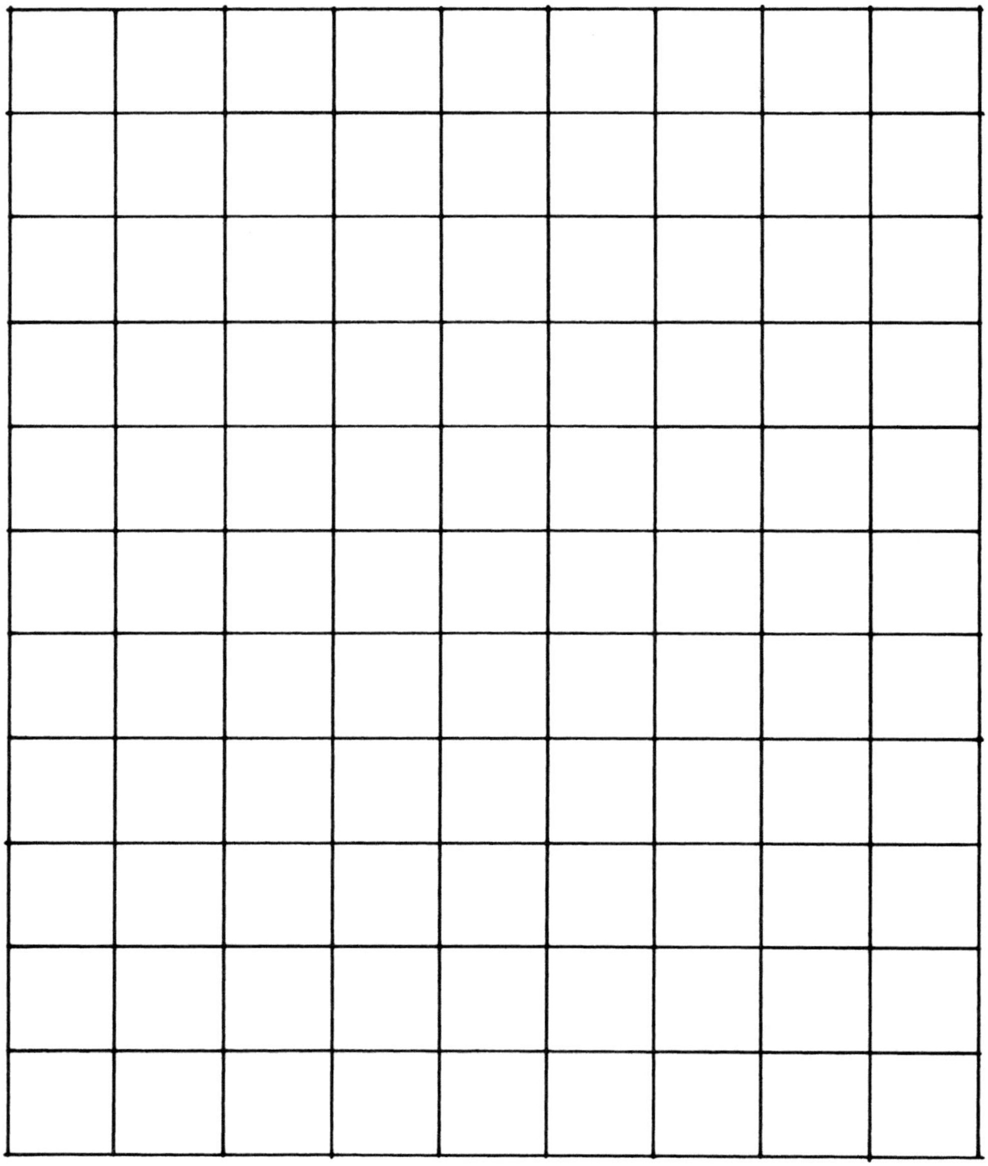

그림 A-1

135°/8변형 패턴

그림 A-2

120° 패턴

그림 A-3

동심원적인 육각형

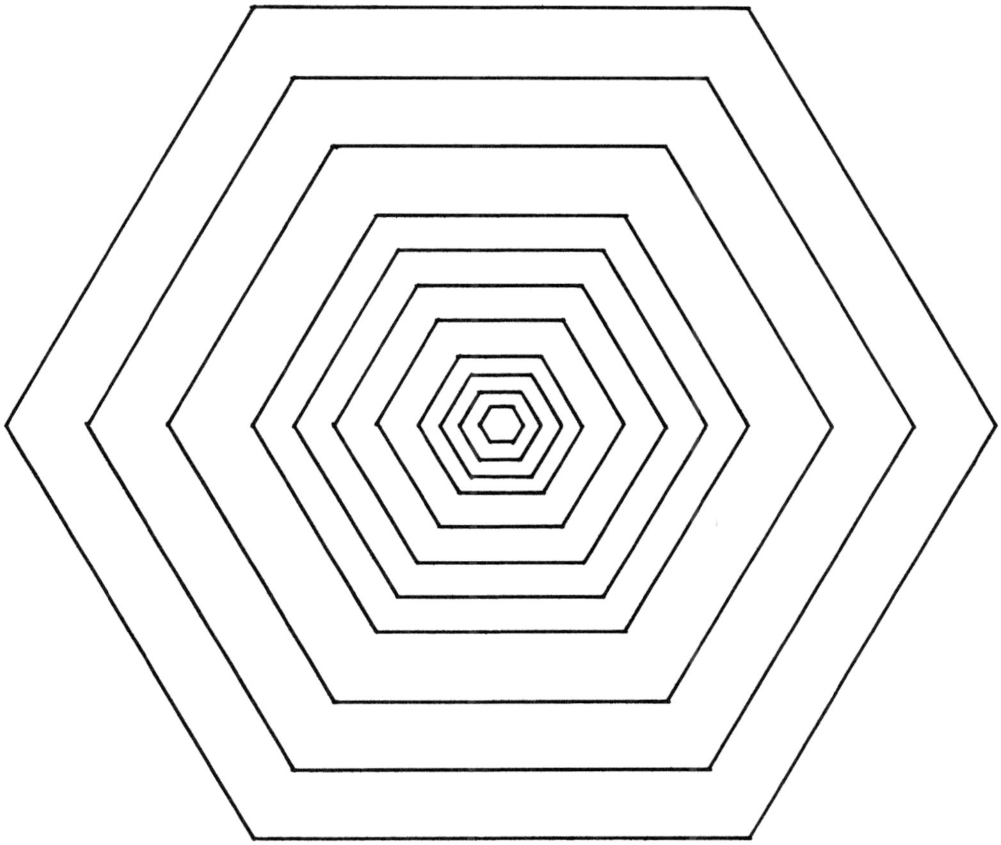

그림 A-4

동심원과 반지름

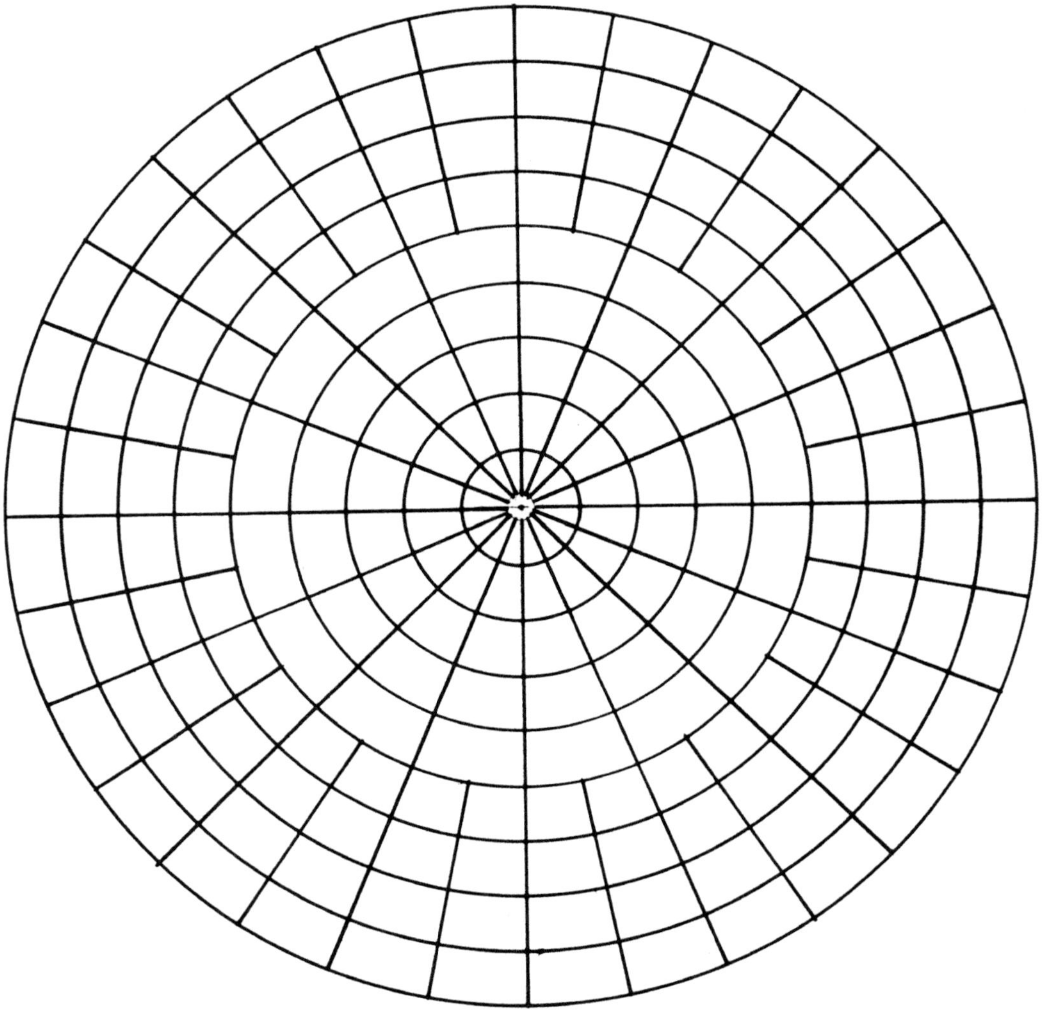

그림 A-5

원의 분할 – 사분원

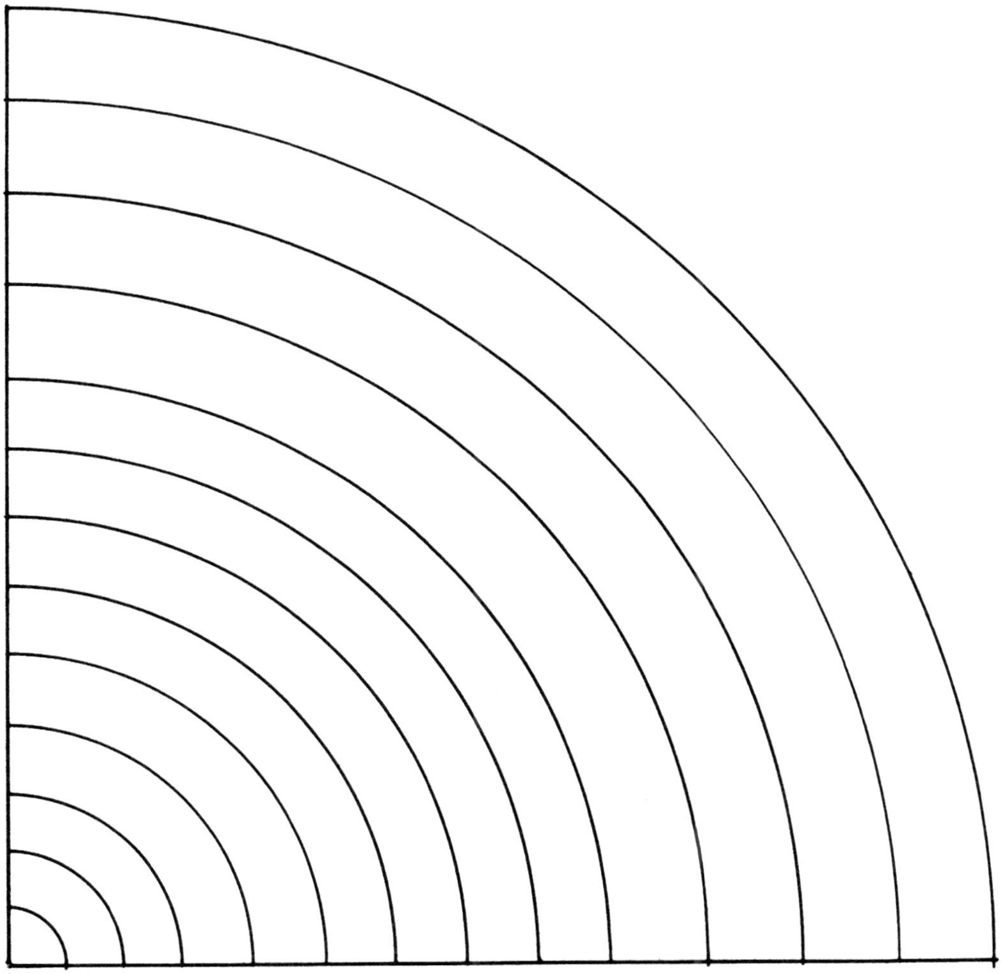

그림 A-6

타원

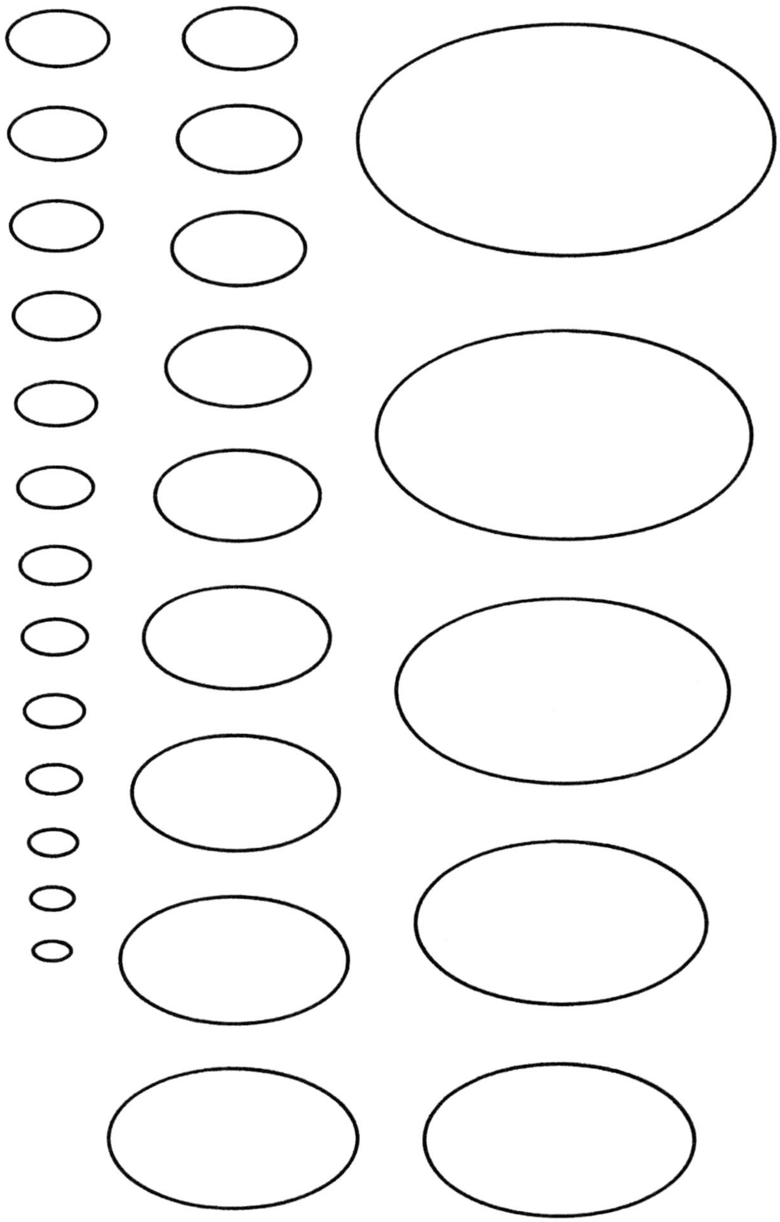

그림 A-7

| 기하학적인 구성 방법 |

정육각형(변의 길이를 알 때)

주어진 변의 길이와 같은 반지름을 가진 원을 그려라. 콤파스에 세팅된 같은 반지름을 가지고 콤파스 점을 한 바퀴 순환시켜라. 시작점에 올 때까지 원 주위에 같은 길이의 점을 표시하라(그림 A-8).

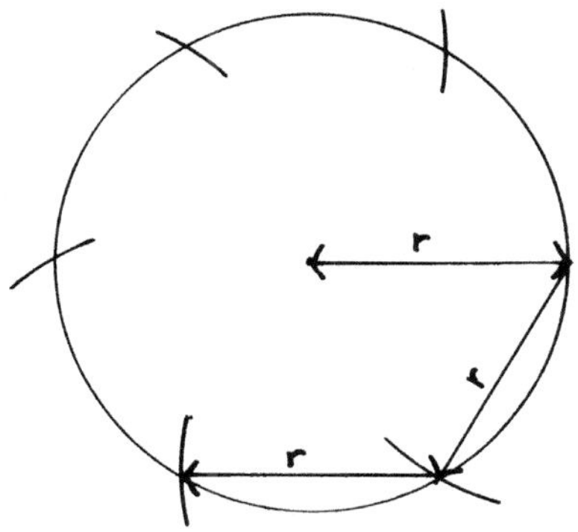

그림 A-8

육각형을 만들기 위하여 각 점을 연결하라(그림 A-9).

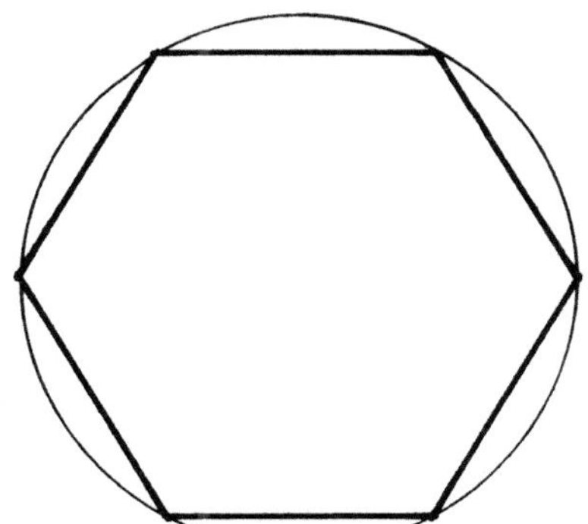
그림 A-9

정육각형(너비를 알 때)

교차하는 수평선과 수직선 AB, CD를 그려라.

원하는 육각형의 크기를 정하라(될수록 작은 치수). 점 O로부터 같은 거리에 있는 AB에 교차하는 두 개의 수직선을 그려라. 점 O로부터의 거리는 원하는 육각형 크기의 절반이 되어야 한다(그림 A-10).

30°/60°의 삼각자를 사용해서 점 O에서 30°의 각으로 대각선을 그려라. 이 대각선들은 수직선들과 E, F, G, H에서 만난다. 더 큰 정육각형을 원한다면 대각선을 먼저 그리고 두 개의 수직선 GE, FH를 그린다.

정육각형의 윤곽선을 만들기 위하여 EF와 GH의 교차점으로부터 30°각을 그리기 위해 O의 위와 아래로 삼각형을 미끄러뜨려라.

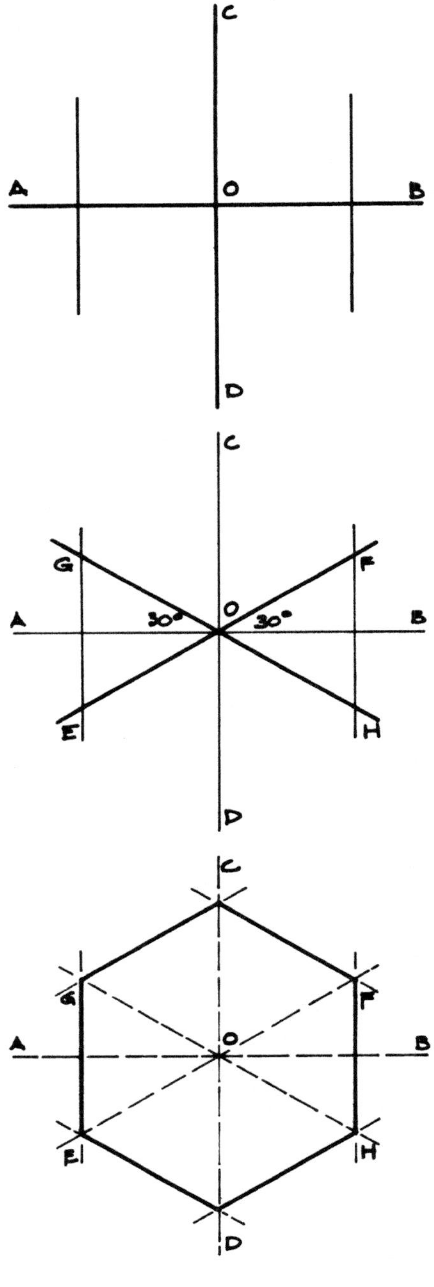

그림 A-10

정오각형

지름이 AB인 원을 그려라. 중심에서 수직으로 OC를 그려라. D를 얻기 위하여 OB를 이등분하라. AO 위에 있는 E를 얻기 위하여 반지름 CD로 하는 원호를 그려라(그림 A-11).

점 C를 중심으로 해서 반지름이 CE인 원호를 그려서 원 주위에 점 F와 G를 표시한다. 같은 간격으로 F와 G를 중심으로 해서 I와 H를 표시한다.

점 C, G, H, I, F를 연결하여 정오각형을 만든다(크리치로우, 1970).

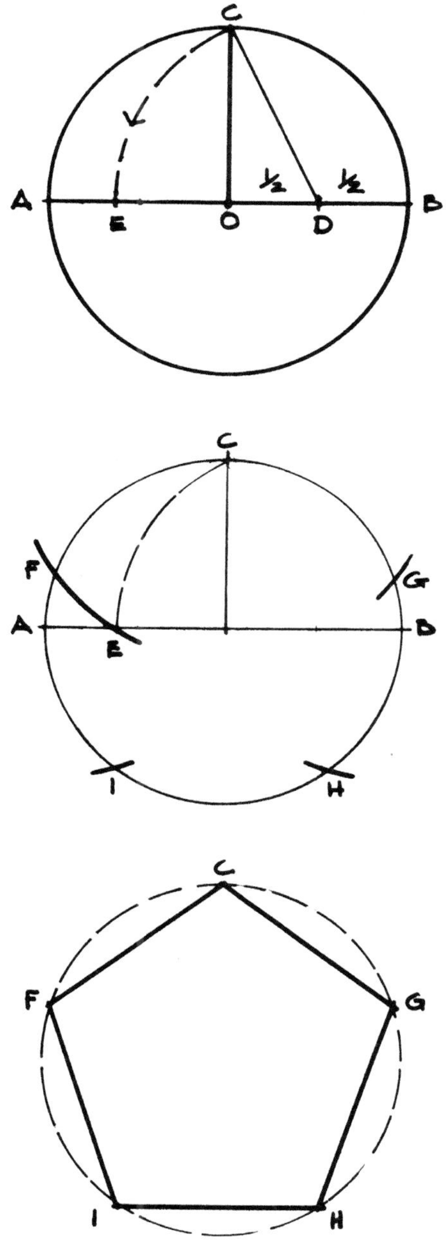

그림 A-11

타원 – 직사각형법

공간의 크기와 비례가 알맞도록 해서 주축과 부 축인 AB와 CD를 그려라. 직사각형을 만들어라. AB를 8등분하라. EH와 FG를 역시 8등분하라(그림 A-12).

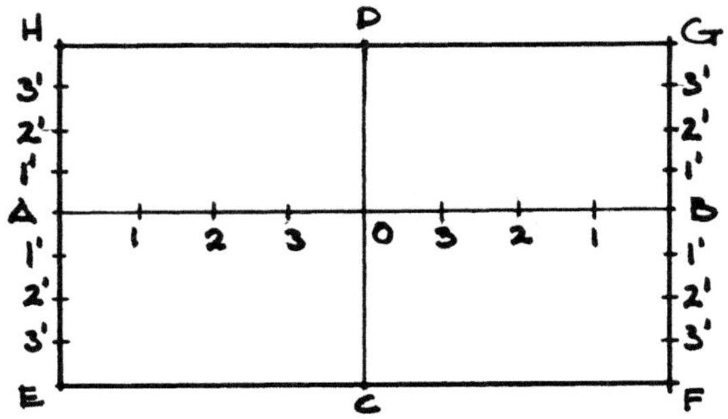

점 D에서 1′, 2′, 3′로 선을 그려라. 점 C에서 1, 2, 3을 통과하여 선을 그려서 그 이전에 그은 선과 교차하도록 하라. 1과 1′, 2와 2′, 3과 3′ 선이 만나는 점에 점을 찍어라.

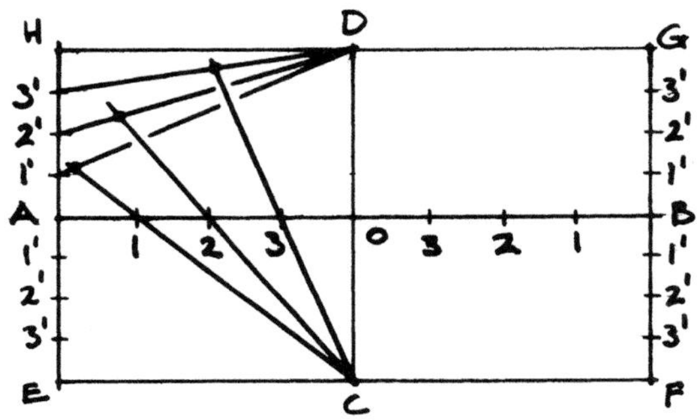

다른 세 부분도 반복을 해서 타원이 되도록 각 점을 부드러운 선으로 연결하라(피어슨, 1968).

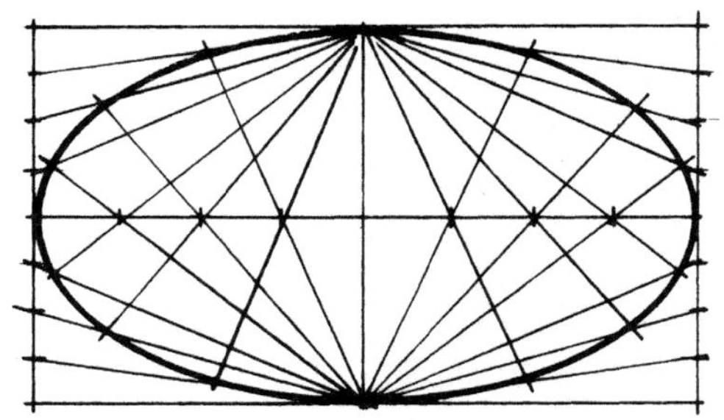

그림 A-12

타원 – 필드 안에서 만드는 법

야외에서 일하는 조경팀에는 이 방법이 타원을 만드는 유용한 방법이다.

1. 주 축 AB와 부 축 DC를 만들기 위하여 90° 의 선을 세운다. 이 선들은 타원의 가장 넓고 좁은 부분이 될 것이다(그림 A–13).

2. AO를 측정해서 D에서 같은 거리의 F^1과 F^2를 표시하라. 쉽게 움직이지 않도록 금속 핀이나 레버로 땅속에 박아 놓아라.

3. F^1, F^2에 AB와 같은 실을 묶어서 잡아당기면서 이동시킴으로써 타원을 만든다. 마크를 표시한 점이 F^1과 F^2가 되도록 철선을 핀에 고정시켜라. 짧은 플라스틱 파이프 조각을 가지고 철선을 꽉 당기면서 파이프 주위에 미끄러지는 철선을 따라서 타원을 그린다(피어슨, 1968).

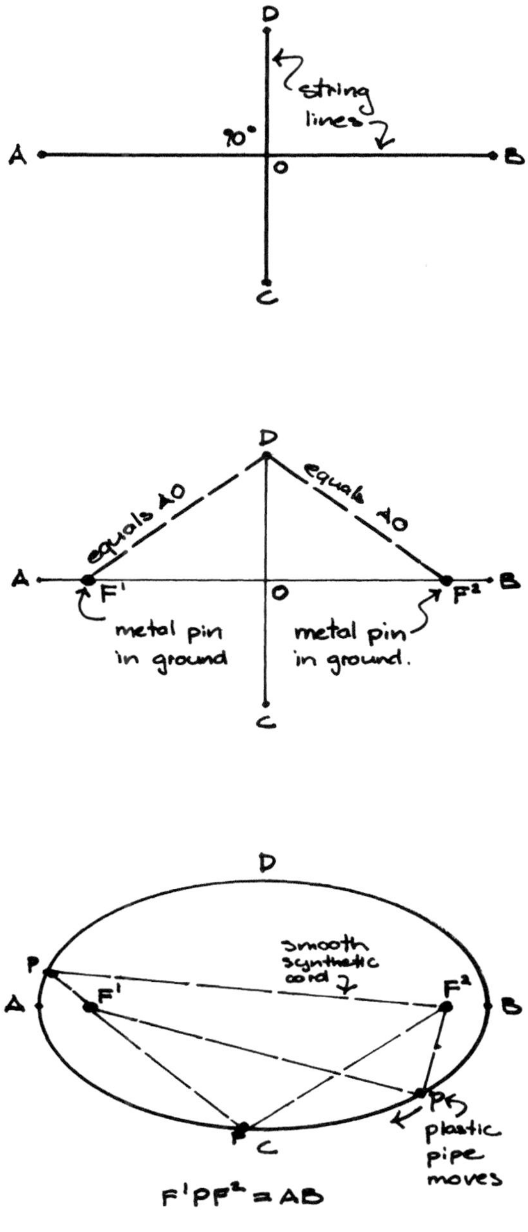

그림 A–13

황금비례 직사각형

정방형을 그리고 그것을 이등분하라. 그림과 같이 대각선을 그리고 그 대각선을 반지름으로 해서 정방형의 연장선과 만나도록 호를 그려라. 이것이 새로운 직사각형의 긴 변을 형성한다(그림 A-14). 다시 정방형이 짧은 변에 의해서 형성된다면 그로 인하여 남게 되는 더 작은 형태는 또 하나의 황금비례 직사각형이 된다. 이러한 축소의 과정은 그리기 가능할 때까지 계속될 수 있다(크리치로우, 1970).

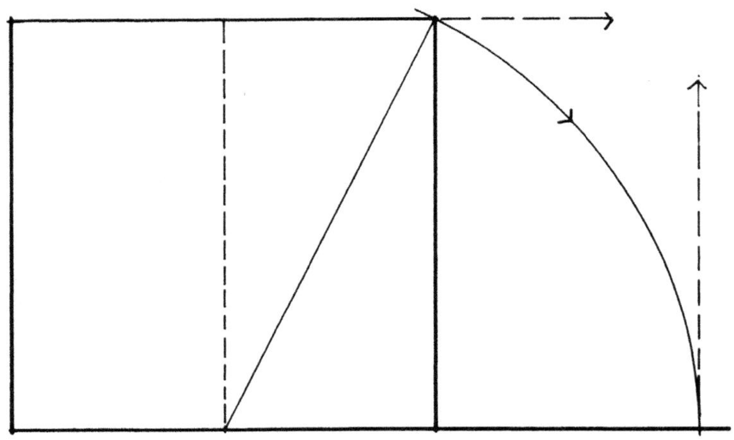

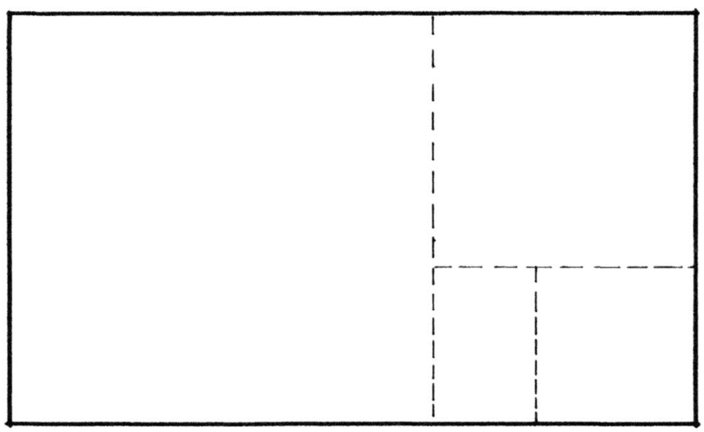

그림 A-14

| 참고문헌 |

창조성(Creativity)

Cowley, Sue. 2004. *Creative Thinking*. London; New York: Continuum.

De Bono, Edward. 1993. *Serious Creativity: Using the Power of Lateral Thinking to Create New Ideas*. New York: HarperBusiness.

Halpern, Diane F. 1997. *Critical Thinking across the Curriculum: A Brief Edition of Thought and Knowledge*. Mahwah, NJ: Lawrence Erlbaum Associates.

기하학과 자연의 무늬(Geometry and Patterns of Nature)

Cook, Theodore. 1979. *The Curves of Life*. New York: Dover.

Critchlow, Keith. 1970. *Order in Space*. New York: Viking Press.

Dubé, Richard L. 1997. *Natural Pattern Forms: A Practical Sourcebook for Landscape Design*. New York: Van Nostrand Reinhold.

Feder, Jens. 1988. *Fractals*. New York: Plenum Publishing Company.

Gleick, James. 1987. *Chaos: Making a New Science*. New York: Viking Press.

Mandelbrot, Benoît. 1982. *The Fractal Geometry of Nature*. New York: W. H. Freeman.

O'Daffer, Phares G., and Stanley R. Clemens. 1992. *Geometry: An Investigative Approach*. Menlo Park, CA: Addison Wesley Publishing.

Pearce, Peter. 1978. *Structure in Nature Is a Strategy for Design*. Cambridge, MA: The MIT Press.

Pearson, G. 1968. *Geometric Drawing*. Oxford: Oxford University Press.

Phillips, W. J. 1960. *Maori Rafter and Taniko Designs*. Wellington, New Zealand: Wingfield Press.

Rabinovich, M. I., A. B. Ezersky, and Patrick D. Weidman. 2000. *The Dynamics of Patterns*. Singapore: World Scientific Publishing Co.

Senosiain, Javier. 2003. *Bio-Architecture*. Burlington, MA: Architectural Press.

Stubblefield, Beauregard. 1969. *An Intuitive Approach to Elementary Geometry*. Belmont, CA: Brooks-Cole Publishing Co.

조경설계(Landscape Design)

Bell, Simon. 2004. *Elements of Visual Design in the Landscape*. London: Spon Press.

Booth, Norman K. 1983. *Basic Elements of Landscape Architectural Design*. New York: Elsevier Science Publishing Co.

Booth, Norman K., and James E. Hiss. 1991. *Residential Landscape Architecture: Design Process for the Private Residence*. Upper Saddle River, NJ: Prentice Hall.

De Sausmarez, Maurice. 1964. *Basic Design: The Dynamics of Visual Form*. New York: Van Nostrand Reinhold.

Douglas, William Lake, and J. Brookes. 1984. *Garden Design*. New York: Simon & Schuster.

Garnham, Harry L. 1985. *Maintaining the Spirit of Place*. Mesa, AZ: PDA Publishers.

Hannebaum, Leroy. 2002. *Landscape Design: A Practical Approach*. Upper Saddle River, NJ: Prentice Hall.

Holden, Robert. 2003. *New Landscape Design*. London: Architectural Press.

Ingels, Jack. 1997. *Landsaping Principles and Practices*. New York: Delmar Publishers.

Lauer, David. 1979. *Design Basics*. New York: Holt, Rinehart and Winston.

Lin, Mike W. 1993. *Drawing and Designing with Confidence*. New York: Van Nostrand Reinhold.

Moore, Charles W., William J. Mitchell, and William J. Turnbull, Jr. 1988. *The Poetics of Gardens*. Cambridge, MA: MIT Press.

Motlock, John L. 1991. *Introduction to Landscape Design*. New York: Van Nostrand Reinhold.

Murphy, Michael D. 2005. *Landscape Architectural Theory: An Evolving Body of Thought*. Long Grove, IL: Waveland Press.

Pierceall, Gregory. 1990. *Sitescapes: Outdoor Rooms for Outdoor Living*. Upper Saddle River, NJ: Prentice Hall.

Potteiger, Matthew, and Jamie Purinton. 1998. *Landscape Narratives: Design Practices for Telling Stories*. New York: John Wiley.

Swaffield, Simon. 2002. *Theory in Landscape Architecture: A Reader*. Philadelphia: University of Pennsylvania Press.

Wong, Wucius. 1993. *Principles of Form and Design*. New York: Van Nostrand Reinhold.

| 찾아보기 |

[ㅅ]

[ㅇ]

[ㅈ]

[ㅊ]

[ㅋ]

[ㅌ]

[ㅍ]

[ㅎ]

[숫자]

| 역자 소개 |

박재철

서울대학교 조경학과 졸업
서울대학교 환경대학원 환경조경학과 졸업
국민대학교 임학박사
한국농촌계획학회 회장
현, 우석대학교 조경도시디자인학과 교수

이원호

성균관대학교 대학원 조경학과, 조경학 박사
현, (사)한국전통조경학회 사무국장
문화재청 국립문화재연구소 자연문화재연구실(전통조경, 명승)
문화재수리기술자(조경), 한국산업인력공단 출제위원

개념으로부터 형태까지
창의적 조경설계 [제2판]

1판 1쇄 발행 2009년 3월 23일
1판 2쇄 발행 2019년 8월 28일

저 자 Grant W. Reid, FASLA
역 자 박재철, 이원호
발행인 김호석
발행처 도서출판 대가
등 록 제 311-47호
주 소 경기도 고양시 일산동구 장항동 776-1 로데오메탈릭타워 405호
전 화 (02) 305-0210/306-0210
팩 스 (031) 905-0221
E-mail dga1023@hanmail.net
Homepage www.bookdaega.com

ISBN 978-89-6285-020-8 93610